高职高专土木与建筑规划教材

绿色建筑与绿色施工

田杰芳　主编

清華大学出版社
北京

内容简介

中华人民共和国成立以来，一直坚持保护环境的方针政策，要求经济的发展要与环境保护相协调、相适应。当前，在建筑行业中我们更要坚持科技创新与推进绿色发展，坚持建设一个资源节约型、环境友好型的城市。绿色建筑与绿色施工是建筑行业面临的严峻而紧迫的问题，为此编者经过大量的研究编写本书，帮助读者了解绿色建筑和绿色施工的相关知识。

本书为高等职业教育建筑工程类专业规划教材，包括：绿色建筑简述、绿色建筑的设计与评价、绿色建筑运营管理、绿色施工、绿色施工管理、环境保护、节能与能源利用、节地与施工用地保护、节水与水资源利用、节材与材料资源利用以及绿色施工技术和施工评价等相关内容。

本书可作为高等职业技术院校、成人高校及独立院校建筑工程技术专业、工程建设监理专业的教学用书，亦可作为土木工程类相关专业教学参考书，还可作为建筑工程施工技术人员、管理人员、建设单位、监理工程师的培训和参考用书。

本书封面贴有清华大学出版社防伪标签，无标签者不得销售。
版权所有，侵权必究。举报：010-62782989，beiqinquan@tup.tsinghua.edu.cn。

图书在版编目(CIP)数据

绿色建筑与绿色施工/田杰芳主编. —北京：清华大学出版社，2020.1（2024.8重印）
高职高专土木与建筑规划教材
ISBN 978-7-302-54531-6

Ⅰ. ①绿… Ⅱ. ①田… Ⅲ. ①生态建筑—建筑施工—高等职业教育—教材 Ⅳ. ①TU74

中国版本图书馆 CIP 数据核字(2019)第 290390 号

责任编辑：石 伟 桑任松
装帧设计：刘孝琼
责任校对：周剑云
责任印制：刘 菲
出版发行：清华大学出版社
　　网　址：https://www.tup.com.cn，https://www.wqxuetang.com
　　地　址：北京清华大学学研大厦 A 座　　**邮　编**：100084
　　社 总 机：010–83470000　　**邮　购**：010-62786544
　　投稿与读者服务：010-62776969, c-service@tup.tsinghua.edu.cn
　　质量反馈：010-62772015, zhiliang@tup.tsinghua.edu.cn
　　课件下载：https://www.tup.com.cn，010-62791865
印 装 者：北京同文印刷有限责任公司
经　销：全国新华书店
开　本：185mm×260mm　**印　张**：13.75　**字　数**：327 千字
版　次：2020 年 1 月第 1 版　**印　次**：2024 年 8 月第 7 次印刷
定　价：49.00 元

产品编号：082257-01

前　言

随着经济的发展、科技的进步，以及生活水平的不断提高，人们的生存环境越来越受到广泛关注，绿色建筑和绿色施工已成为土木建筑业发展的主方向。绿色建筑和绿色施工对提高建筑业的整体技术水平、规范建筑设计与施工、保证建筑工程的节能环保，具有十分重要的意义。绿色建筑和绿色施工是建筑行业中重要的环节，在建筑工程中发挥着重要的作用。

自2006年我国第一部《绿色建筑评价标准》(GB/T 50378—2006)颁布实施以来，绿色建筑得到了快速发展，绿色建筑的理念和概念深入人心，绿色建筑相关的理论研究和工程实践成为业内热点。作为土建类的在校大学生，学习绿色建筑相关知识已经成为今后工作求职和顺应行业发展的客观需求。

本书结合高职高专教育的特点，突出教材的实践性和新颖性，吸取了当前绿色建筑中应用的施工新技术、新方法，并认真贯彻我国现行规范及有关文件，从而增强了应用性、综合性，具有时代特征。本书在力求做到保证知识的系统性和完整性的前提下，客观反映国家标准对绿色建筑和绿色施工的具体要求，明晰常规适应性绿色建筑和绿色施工技术的特点与应用。希望同学们通过学习，能够对绿色建筑和绿色施工的发展情况有全面的认识，能够掌握绿色建筑和绿色施工评价的基本方法，能够熟悉常规绿色建筑和绿色施工技术。

为了能更好地丰富学生的学习内容并激发学生的学习兴趣，本书每章均添加了大量针对不同知识点的案例，结合案例和上下文可以帮助学生更好地理解内容，同时配有实训练习，让学生及时达到学以致用。

本书与同类书相比具有的显著特点如下。

(1) 新，穿插案例，清晰明了，形式独特。

(2) 全，知识点分门别类，包含全面，由浅入深，便于学习。

(3) 系统，知识讲解前呼后应，结构清晰，层次分明。

(4) 实用，理论和实际相结合，举一反三，学以致用。

(5) 赠送，除了必备的电子课件、教案、每章习题答案及模拟测试AB试卷外，相应的配套还有大量的讲解音频、动画视频、三维模型、扩展图片等以扫描二维码的形式再次拓展绿色建筑与绿色施工结构的相关知识点，力求让初学者在学习时最大化地接受新知识，最快、最高效地达到学习目的。

本书由北京交通大学田杰芳任主编，参加编写的还有南水北调中线干线建设管理局河南分局翟会朝、三门峡职业技术学院王毅、河南五建第三建筑安装有限公司董佳宁、绍兴文理学院黄睿、长江三峡勘测研究院有限公司(武汉)刘铁峰、绍兴文理学院王天佐，其中董佳宁负责编写第1章、第2章，田杰芳负责编写第3章、第4章、第11章，并对全书进行统筹，翟会朝负责编写第5章、第10章，王毅负责编写第6章，黄睿负责编写第7章，刘

铁峰负责编写第 8 章，王天佐负责编写第 9 章，在此对在本书编写过程中的全体合作者和帮助者表示衷心的感谢！

本书在编写过程中，得到了许多同行的支持与帮助，在此一并表示感谢。由于编者水平有限，书中难免有错误和不妥之处，望广大读者批评指正。

编　者

目　录

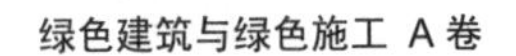
绿色建筑与绿色施工 A卷
绿色建筑与绿色施工 B卷

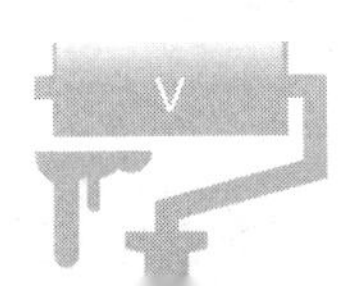

第 1 章 绿色建筑概述

【教学目标】

- 了解什么是绿色建筑。
- 了解绿色建筑的起源。
- 了解国外绿色建筑评价体系。

【教学要求】

本章要点	掌握层次	相关知识点
绿色建筑基本知识	1. 了解绿色建筑的起源 2. 熟悉绿色建筑的基本概念	绿色建筑基本知识
国外绿色建筑评价标准	1. 了解英国 BREEAM 评价体系 2. 了解美国 IEED 评价体系 3. 了解澳大利亚绿色建筑评估体系 4. 了解日本 CASBEE 评价体系	国外绿色建筑评价体系

【案例导入】

武汉中心，位于武汉王家墩中央商务区财富核心区西南角，与城市大型公共配套连接紧密，紧邻规划中的梦泽湖，拥有非常优美的自然景观环境。武汉中心占地约 2.81 公顷，总建筑面积 359270.94 平方米，其中，地上建筑面积 272652.53 平方米，设置 1300 个机械式停车位，建筑高度 438 米，地下 4 层(局部 5 层)，地上层数为 88 层。

武汉中心的主体建筑仿佛迎风张满风帆的航船，载满希望与力量，在经济的浪潮中乘风破浪勇往直前。正所谓“长风破浪会有时，直挂云帆济沧海”，寓意着武汉中心作为黄金水道的旗舰，引领新时代武汉经济的发展繁荣。

武汉中心力求创造一座具有生命力的富含充足阳光、空间、绿化和景致的高耸的城市有机体。外表皮呼吸式幕墙系统，确保建筑充分吸收阳光，最大限度地减少能耗；接合玻璃幕墙的设计将太阳能电板引入，为整栋大厦提供光伏发电，提供太阳能热水；大厦内部装有智能环境监控、诱导式风机系统，可自动输送新鲜空气实现室内环境的舒适健康；采取重力式消防给水系统，确保大楼消防安全；有效的水资源整合利用，可直接抽取湖泊水

用于冷却，进行水回收和循环利用；下沉式广场水景、台地绿化、边庭空间，绿色节能建筑的利用，让生活在其中的人充分感受到建筑与自然融合所带来的无限可能！

(资料来源：BIM 建筑网)

【问题导入】

结合本章节的学习，谈谈你对绿色建筑的理解。

国内一些较为有名的绿色建筑.pdf

1.1　绿色建筑基本知识

1.1.1　绿色建筑概念

由于各国经济发展水平、地理位置等条件的不同，国际上对绿色建筑的定义和内涵的理解也不尽相同。立足于我国的基本国情，并且结合可持续发展理念，中华人民共和国住房和城乡建设部在 2015 年 1 月 1 日起实施《绿色建筑评价标准》(GB/T 50378—2014)，现已被(GB/T 50378—2019)替代。其中对绿色建筑做出了如下定义：在全寿命期内，最大限度地节约资源(节能、节地、节水、节材)、保护环境、减少污染，为人们提供健康、适用和高效的使用空间，与自然和谐共生的建筑。该定义强调了绿色建筑的“绿色”应该贯穿于建筑物的全寿命周期(从原料的开采到建筑物的拆除全过程)。

各国对于绿色建筑的阐述虽然有所不同，但基本上都认同了绿色建筑的三个主题，即对资源的有效利用、创造健康和舒适的生活环境以及与周围的环境和谐相处。这三个基本主题也为世界各国发展绿色建筑提供了一个标准。

从绿色建筑的定义上看，绿色建筑的特点主要包含以下四点。

(1)　节约资源。节约资源包含了上面所提到的“四节”(节能、节地、节水、节材)，众所周知，在建筑的建造和使用过程中，需要消耗大量的自然资源，而资源的储量却是有限的，所以就要减少各种资源的浪费。

(2)　保护环境和减少污染。保护环境和减少污染强调的是减少环境污染，减少二氧化碳等温室气体的排放。据统计，与建筑有关的空气污染、光污染、电磁污染等占环境总污染的 34%，所以保护环境也就成了绿色建筑的基本要求。

(3)　满足人们使用上的要求，为人们提供“健康”“适用”和“高效”的使用空间。一切建筑设施都是为了人们更好地生活，绿色建筑同样也不例外。可以说，这三个词就是绿色建筑概念的缩影：“健康”代表以人为本，满足人们的使用需求，节约不能以牺牲人的健康为代价；“适用”则代表节约资源，不奢侈浪费，提倡适度原则；“高效”则代表着资源能源的合理利用，同时减少二氧化碳等温室气体的排放和环境污染。这就要求实现绿色建筑技术的创新，提高绿色建筑的技术含量。

绿色建筑.mp4

(4)　与自然和谐共生，发展绿色建筑的最终目的就是实现人、建筑与自然的协调统一，这也是绿色建筑的价值理念。

【案例 1-1】

2017 年 11 月，江苏省政府公布了《省政府关于促进建筑业改革发展的意见》(以下简称《意见》)，江苏将实施“绿色建筑+”工程，并推广装配式建筑和成品房建设，到 2020 年，设区市新建商品房全装修比例达到 50%以上，装配式住宅建筑和政府投资新建的公共租赁住房全部实现成品住房交付。

像搭积木一样造房子，如今，江苏的装配式建筑越搭越多，这种建造方式，令建筑工地上干净整洁，不仅可以减少垃圾排放，还大大加快了建设速度和噪声污染。南京不少土地出让的公告中也明确表明，建设装配式住宅面积的比例为 100%。

到 2020 年，设区市新建商品房全装修比例达到 50%以上，装配式住宅建筑和政府投资新建的公共租赁住房全部实现成品住房交付。这也就意味着，未来的成品房将越来越多。

结合本节内容，试分析绿色建筑的特点以及优势有哪些？

1.1.2 绿色建筑起源

音频 1.绿色建筑的起源.mp3

发展是人类生存的基本需要，建筑则是人类改变和适应周围环境的一种开发行为。建筑物在其设计、建造、使用、拆除等整个寿命周期，需要消耗大量的资源和能源，同时往往还会造成严重的污染问题，这也将影响到人类的可持续发展。据统计，建筑物在其建造、使用过程中消耗了全球能源的 50%，产生的污染物占污染物总量的 34%，全球面临资源环境问题的严峻挑战。

绿色建筑的概念正是源于 20 世纪 70 年代的两次世界能源危机，当时建筑界兴起了“节能设计”的运动，同时也引发了“低能耗建筑”的热潮。后来，随着人们对环境问题认识的加深，又慢慢融入了最新的环境保护设计理念而渐渐形成最新的“绿色建筑”理念。在欧洲和北美国家，有些人将绿色建筑又称为“生态建筑”或“可持续建筑”，在日本也有人称之为“环境共生建筑”。中国没有对绿色建筑和生态建筑进行区分界定，通常称为“绿色生态建筑”。学术界对绿色建筑的论述也各不相同。

绿色建筑的兴起，表明人类已经认识到建筑本身对环境的负面影响，并通过合理的建筑设计，千方百计地减小这种影响。

1. 生态性

生态性是绿色建筑特别重要的特性。所谓生态性，是指在一定的时间和空间范围内，世界上所有生物和非生物环境，通过复杂的相互作用而联系起来的、具有自身调节功能的统一性，这个统一性，就叫生态性，它所构成的系统称为生态系统。绿色建筑就是处于大自然相互作用而联系起来的统一体中，在它的内部以及在它与外部的联系上，都具有自我调节的功能。绿色建筑在设计、施工、使用中，都十分尊重生态规律、实践生态规律、保护生态环境；以生态环境为中心，在环保、绿化、健康、安居等方面，使建筑物的生态环境都处于良好状态。例如优先选用绿色建材、材料循环利用、能源优化利用、水的重复使

用、废弃物管理与处置等，采取一系列措施和手段，保护环境，防止污染。所有这些都体现了生态性原理。由此可见，绿色建筑技术就是保护生态、适应生态、不污染环境的建筑技术，是在研究和探索人与生态环境之间的相互关系和物质转化规律中发展起来的一门崭新的科学技术。

2. 亲和性

所谓亲和性，就是指对“自然”的亲和。绿色建筑十分重视亲和自然，它对大自然给予的阳光、自然风及水的利用倍加重视，采取有效措施进行大气净化、水体改造、水源复用，重视环境建设，其中包括视觉环境、景观环境、人文环境等，以增强住区的感染力和个性特征，增进人们对大自然的亲和性，体现人与自然的和谐、融洽的自然生态原则。回顾过去，在某些建筑的营造过程中，以大量消耗自然资源和大量排放污染物为特征，属于一种“享用浪费型”建筑，这种体系在一定尺度内可以维持，但发展到跨越临界点时，自然环境付出的代价超过了可以负担的范围，这种营造体系便难以持续发展下去。因此，绿色建筑的开发是在两者之间寻找一个平衡点，这个平衡点既要尽可能地创造舒适的居住条件，又要兼顾对自然环境的保护。现代科技的发展让人们享受了当代文明，绿色建筑把现代文明与亲和自然结合起来，以现代化的科技手段实现生态环境保护的长远目标。保护环境，亲和自然，不仅是绿色建筑的特点，而且是一切“绿色”运动的重要标志和行动纲领。

3. 健康性

健康性是绿色建筑的一个重要特征，也是衡量其建设成果的重要标志。绿色建筑也常被誉为健康建筑。人们住所的健康问题，是建筑质量的重大问题，目前已经引起广大住户和舆论的关注。人们越来越迫切地追求并拥有健康的人居环境，要求大厦、小区住宅具有健康标准。然而，相当一部分建筑，经过装修、装饰后，处于严重的污染之中，由于建筑污染而导致了各种疾病的发生，如病态建筑综合征(Sick Building Syndrome)。绿色建筑则依靠技术进步选用绿色建材，以居住与健康的新价值观为目标，满足居住环境的健康性、环保性、安全性，保障居住者生理、心理和社会等多层次的健康需求。为了推动健康住宅的发展，我国国家住宅与居住环境工程中心于 2001 年颁布了《健康住宅建设技术要点》。在该技术要点中，论述了人居环境的健康性的重要意义，提出了健康环境保障的措施和要求，明确了对空气污染、装修材料、水环境质量、饮用水标准、污水排放、生活垃圾处理等多个条款的具体指标。技术要点文件的颁布，对于推动我国健康住宅的发展具有重要意义，为建造健康住宅指明了方向，同时也更加突出了绿色建筑的健康理念。

4. 先进性

绿色建筑及其技术，是近年来人们在维持生态、加强环保呼声中兴起和发展起来的多专业、多学科的技术门类。它包含并具有建筑新型化、材料无害化、能源清洁化、用水洁净化、调控自动化、系统智能化等高新技术的综合应用和有机结合诸多特点，具有新时代特征的先进性和科学性。如在建筑设计方面，充分利用自然条件，应用计算机模拟技术研

究室内外风场流动，实现自然通风设计、隔热遮阳设计、保温节能设计、天然采光设计等。又如在新能源和可再生能源利用上，广泛应用天然能源，如太阳能、风能、地热能，既节约了资源，又促进了物质的良性循环。与此同时，在可持续浪潮的推动下，许多先进技术都优先应用于绿色建筑，从而更加充实和丰富了绿色建筑的内涵和外延，体现了它的广泛性、综合性、先进性。

5. 发展性

所谓发展性，是指绿色建筑具有可持续发展的特点，它所倡导的技术符合可持续发展的原则。发展是人类生存的基本需要，建筑则是人类改变和适应周围环境的一种开发行为，建筑行为包含了以不同形式大量消耗、改变和转化自然资源，而这种行为必然会对环境造成影响，也将影响人类的可持续发展。绿色建筑的兴起，已经意识到建筑本身对环境的负面影响，它通过合理的建筑设计，千方百计地减小这种影响。发展的观点同样包含着技术进步的含义，绿色建筑中引进了大量的智能化、信息化系统，它们的配置既着眼于现在，也放眼于未来，即满足开放性原则的要求，对于系统中增加或更新设备都具有适应性和兼容性，具有超前性、扩展性和灵活性。

1.1.3 我国绿色建筑的发展

音频 2.绿色建筑的实现途径.mp3

绿色建筑在我国的发展同样可以追溯到古代。在古代建筑物中，所用材料主要取之于大自然，如石块、草筋、土坯等。可以说古代建筑也拥有一定的绿色观念，并且也拥有丰富的绿色建造经验。我国传统民居的建筑材料大部分都是可以循环利用的，并且对环境的影响也不大。在先人的智慧下，很多具有地方特色的建筑类型保留下来，为我们现在发展绿色建筑提供了借鉴。

1973 年，在联合国人类环境大会的影响下，我国首部《关于保护和改善环境的若干规定》(试行草案)的文件由国务院颁布。20 世纪 80 年代以后，我国开始提倡建筑节能，但是有关绿色建筑的系统研究还处于初始阶段，许多相关的技术研究领域还是空白。

2001 年，我国第一个关于绿色建筑的科研课题完成。并且建设部住宅产业化促进中心研究和编制了《绿色生态住宅小区建设要点与技术导则》，提出以科技为先导，以推进住宅生态环境建设及提高住宅产业化水平为总体目标，并以住宅小区为载体，全面提高住宅小区节能、节水、节地、治污总体水平，带动相关产业发展，实现社会、经济、环境效益的统一。

2003 年，中共十六届三中全会提出了“以人为本，树立全面协调可持续发展观，促进经济社会全面发展”的科学发展观战略。随后的五中全会深化了“建设资源节约型、环境友好型社会”的目标和建设生态文明的新要求，为绿色建筑的发展提供了成长的动力和社会基础。

2005 年 3 月，“首届国际智能与绿色建筑技术研讨会”召开，原建设部、科技部等部门正式提出绿色建筑概念，并组织国内科技界、企业界以及高等学府的专家学者，对我国

绿色建筑领域的关键技术、设备和产品进行了联合攻关，以智能化和绿色建筑技术研究开发和推广应用为重点开展了大量工作。2005年10月，原建设部、科技部联合印发了《绿色建筑技术导则》，从绿色建筑应遵循的原则、绿色建筑指标体系、绿色建筑规划设计技术要点、绿色建筑施工技术要点、绿色建筑的智能技术要点、绿色建筑运营管理技术要点、推进绿色建筑技术产业化等几方面阐述了绿色建筑的技术规范和要求。《绿色建筑技术导则》明确了绿色建筑的内涵、技术要求和应遵循的技术原则，指导各地开展绿色建筑工作。

2006年6月，由中国建筑科学研究院、上海市建筑科学研究院会同有关单位编制完成的《绿色建筑评价标准》(GB/T 50378—2006)正式实施，现已被(GB/T 50378—2019)替代。绿色建筑评价指标体系由节地与室外环境、节能与能源利用、节水与水资源利用、节材与材料资源利用、室内环境质量和运营管理(住宅建筑)或全生命周期综合性能(公共建筑)六类指标组成。该标准的实施使绿色建筑的评定和认可有章可循、有据可依。

2007年7月，原建设部决定在“十一五”期间启动“100项绿色建筑示范工程与100项低能耗建筑示范工程”。8月，发布了《绿色建筑评价技术细则》《绿色建筑评价标识管理办法》，规定了绿色建筑等级由低至高分为一星、二星和三星三个等级。9月，原建设部颁布《绿色施工导则》。10月，原建设部科技发展促进中心发布了《绿色建筑评价标识实施细则》。

2008年7月，由国务院签发的《民用建筑节能条例》和《公共机构节能条例》，又分别对民用建筑和公共建筑的节能管理予以规范，以便降低建筑使用过程中的能源消耗，提高能源利用效率。

2011年，住建部发布了《2011年全国住房城乡建设领域节能减排专项监督检查建筑节能检查情况通报》的文件，这项文件对我国近几年来的绿色建筑行业的工作做出了评价与表扬。

2013年1月1日，国务院办公厅以国办发〔2013〕1号转发国家发展和改革委员会、住房城乡与建设部制定的《绿色建筑行动方案》以下简称《行动方案》。《行动方案》充分认识了开展绿色建筑行动的重要意义，指导思想、主要目标和基本原则，重点任务，保障措施四部分。重点任务是：切实抓好新建建筑节能工作，大力推进既有建筑节能改造，开展城镇供热系统改造，推进可再生能源建筑规模化应用，加强公共建筑节能管理，加快绿色建筑相关技术的研发推广，大力发展绿色建材，推动建筑工业化，严格建筑拆除管理程序，推进建筑废弃物资源化利用。

音频3.发展绿色建筑的意义.mp3.

2013年8月，国务院发布《关于加快节能环保产业的意见》，明确提出了开展绿色建筑行动：到2015年，新增绿色建筑面积10亿平方米以上，城镇新建筑中二星级以上绿色建筑比例超过20%，建设绿色生态城(区)，提高建筑节能标准。完成办公建筑节能改造6000万平方米，带动绿色建筑建设改造投资和相关产业发展。大力发展绿色建材，推广应用胶装水泥、预制混凝土、预拌砂浆，推动建筑工业化。我国既有建筑面积达460多亿平方米，每年新建建筑面积为16亿～20亿平方米。但据2010年年底的统计数据显示，我国的绿色建筑不足

2000万平方米，不足既有建筑面积的0.05%。为此要求：2015年，城镇新增加绿色建筑面积占当年城镇新建建筑面积比例必须达到23%以上，建设绿色农村住宅1亿平方米，从2017年起，城镇新建建筑全部执行绿色建筑标准。“十二五”末期，政府投资的办公建筑、学校、医院、文化等公益性公共建筑和东部地区省会以上城市、计划单列市政府投资的保障性住房执行绿色建筑标准的比例达到70%以上。

【案例1-2】

目前，我国资源总量和人均资源量都严重不足，资源消耗总量逐年迅速增长，在资源再生利用率上也远远低于发达国家，但建筑高能耗的现状还没有引起全社会的充分重视。为了贯彻执行节约能源和保护环境的国家技术经济政策，推行可持续发展，积极引导大力发展绿色建筑，促进节能省地型住宅和公共建筑的发展，具有十分重要的意义。切实地推进建筑生态节能面临着大众观念、经济成本、技术保证等诸多方面的制约。发展绿色建筑，实现“人—建筑—自然”三者和谐的绿色建筑，也使我国绿色建筑持续发展战略势在必行。

结合本章内容，试思考我国应该如何发展绿色建筑，具体措施有哪些？

1.2 国外绿色建筑评价标准

1.2.1 英国BREEAM评价体系

英国BREEAM评价体系认证的建筑.pdf

1. 英国BREEAM发展历程

英国建筑业消耗的能源占全社会总能耗的50%，并消耗40%的原材料。全英建设用地占国土面积比例高于世界大部分国家，而英国又是一个国土面积较小的国家。在这样的背景下，建筑及建成环境的绿色与否将直接关系到英国未来的竞争力，英国早在1990年就由英国建筑研究院发布了世界上首个绿色建筑评估体系——《建筑研究院环境评价法》(Building Research Establishment Environmental Assessment Method，BREEAM)。

BREEAM评价体系目前已是英国绿色建筑市场上应用最为广泛，权威度最高，并具有全球影响力的绿色建筑评价体系，主要版本如表1-1所示。初版的BREEAM评价体系主要用以评估办公建筑的环境质量，之后又衍生出商业版(“1991新建超市及购物中心”)、工业版(“1993新建工业建筑”)、学校版、住宅版(“1995新建住宅”)、监狱版、医院版、生态住宅版(“Ecohome”与英格兰民政部及各地方政府合作下编制，用作英格兰可持续住宅建设的规范)，定制版(对不能划为已有分类的建筑量身定做评估体系)以及国际版等总计15种版本，并每年更新以能应对工程技术的发展及相关环境立法的变化，从而保持其作为绿色建筑评估体系领导者的地位。

2. BREEAM的评价对象和目的

英国 BREEAM 评价体系的基础是根据环境性能评分授予建筑单体绿色生态认证的制

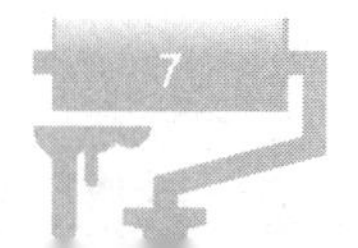

度。认证对象可以是单体建筑，也可以是某一建筑群。BREEAM 体系的主要目的是使环境友好型建筑在建筑市场能够得到展示并成为示范性建筑；鼓励在建筑设计、运行、管理和维护过程中更多地考虑环境因素；在建筑和环境的法律法规之外制定更具体的标准；提高建筑所有者、设计者、使用者、管理者对于环境友好型建筑的认识。它既为绿色建筑提供了评估标准，也为绿色建筑的设计起到了积极正面的引导作用。BREEAM 也因此成为绿色建筑评估体系中较权威的国际标准之一，并对后来美国的 LEED 评估体系(1996 年)、加拿大 GBTool 评估体系(1998 年)以及欧盟的 SEA(2001)评估方法产生了广泛的影响。

表 1-1　BREEAM 主要版本

名　称	覆盖范围
BREEAM　Bespoke	用于评价 BREEAM 标准分类以外的处于设计和建造阶段的建筑，包括实验室、高级教育建筑、旅馆、休闲场所等
BREEAM　Offices	新建、翻新和运行中的办公建筑
EcoHomes	新建住宅
The Code for Sustainable Homes	基于 EcoHomes，从 2007 年 4 月开始取代 EcoHomes 作为英国新建住宅建筑的评价标准
EcoHomesXB	用于现有建筑翻新管理
BREEAM　International	英国以外地区建筑评价
BREEAM　Multi-Residential	对处于设计和建造阶段的学生宿舍、老年住宅、福利院等进行评价
BREEAM　Rtail	新建、翻新和运行零售建筑
BREEAM　Industrial	新建轻工业和仓库建筑
BREEAM　Schools	初级和中级学校建筑
BREEAM　Prisons	监狱的住宿楼
BREEAM　Courts	新建或翻新的法院建筑

3. BREEAM 的评价构架和内容

为了易于被理解和接受，BREEAM 采用了一个相当透明、开放和相对简单的体系架构。所有的“评价条款”分别归类于不同的环境类别，包括建筑对全球、区域、场地和室内环境的影响。评价体系包括八个大方面：管理方面(总体政策和规程)、能源方面(能耗和二氧化碳排放)、康居方面(室内和室外环境)、污染方面(空气和水污染)、交通方面(交通造成的二氧化碳排放和场地相关因素)、土地使用和生态方面(绿地和节地，场地生态价值的保存和扩大)、材料方面(材料对环境的影响，包括全生命周期影响)、水资源利用方面(消耗和有效利用)。每一条目下分若干子条目并对应不同的得分，分别从建筑性能、设计与建造、管理与运行三个方面对建筑进行评价。英国 BREEAM 中各个内容所占权重，如图 1-1 所示。

4. BREEAM 认证程序和等级

BREEAM 的评估过程由持有通过英国建筑研究院(British Building Research Establishment，BRE)培训及考核后颁发评估证书的专业人员及机构来执行。评估员及评估

机构将根据各建筑的分类，选择对应版本的BREEAM，在各项评估环节综合考察从项目的选址、备料、设计、施工、运行、维护、改造、报废拆除及再利用等整个建筑寿命周期中各环节的环境性能，依照是否达到各评估条款进行打分，最后将评估报告提交BRE审核，经过约15天的审核后会发给相应绿色等级证书(“通过”“好”“很好”“优秀”四个等级)。各项目的评估费大致在2000英镑到10000英镑之间。经过20多年的实践检验及不断更新，BREEAM体系已经处于较成熟的阶段并得到世界范围的认可，在2005年，BREEAM获得东京世界可持续建筑会议最佳程序奖。BREEAM也于2010年进入中国，当年就完成两项商业地产的评估。

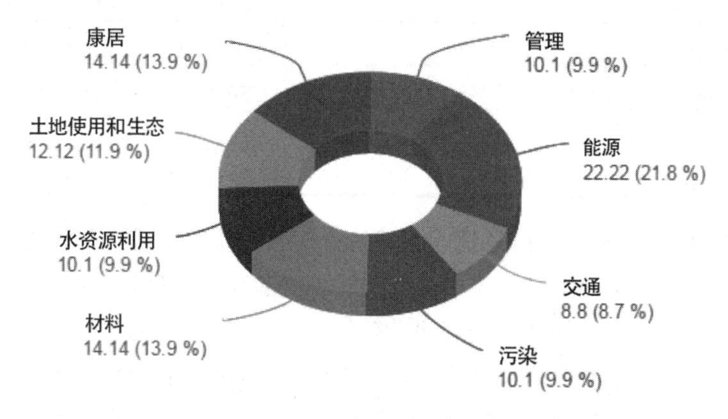

图1-1 英国BREEAM中各个评价内容所占权重

经过几十年的发展，英国绿色建筑已经度过炒作概念的时期，步入了相对成熟有效的实际操作阶段。通过建立完善的绿色法规体系、绿色建筑激励政策和评价体系，保证了绿色建筑的质量及社会推广绿色建筑的积极性。对技术的重视也为绿色建筑发展提供了技术支撑。此外，通过高等教育、短期培训及社会大环境塑造等渠道，在业内及全社会范围内广泛传播绿色设计理念、原则和技术知识，众多公众参与活动激发了广大民众对绿色建筑的认可和热情。

1.2.2 美国LEED评价体系

美国LEED评价体系认证的建筑.pdf

1. 美国LEED发展历程

能源与环境设计先导计划(Leadership in Energy and Environmental Design，LEED)，是由美国绿色建筑委员会(U.S Green Building Council，USGBC)针对美国绿色建筑而制定的评价标准，旨在设计中有效地减少对环境和住户的不利影响。目前在世界各类绿色建筑评价标准、建筑环保评价标准以及建筑可持续性评价标准中LEED被认为是最完善、最具影响力的绿色建筑评价标准，因此被世界多数国家作为制定绿色建筑评价标准的参考文本。

1998年12月，美国绿色建筑委员会(USGBC)发布LEED1.0版本，2000年3月发布LEED2.0版本，其版本保持持续更新。截至2006年年底，评价版本如表1-2所示。

(1) LEED-NC 主要用于新建商业办公建筑，但是该评价体系同样适用于其他类型的建筑，如公用事业建筑(图书馆、博物馆、教堂等)，酒店以及可居住层数大于或等于四层的住宅建筑。主要是针对新建建筑及较大改造建筑在设计阶段及施工阶段的指导与认证。这里的较大改造主要是指对主要的采暖通风空调设备、的围护结构、内部装修进行的改造。

表 1-2 LEED 各个版本及其用途

名 称	简 称	用 途
New commercial construction and major renovation projects	LEED-NC	新商业建筑和主要革新工程
Existing building operations	LEED-EB	现有建筑的运营
Commercial interiors projects	LEED-CI	商业建筑内部
Core and shell projects	LEED-CS	核心和外表工程
Homes	LEED-H	住宅
Neighborhood Development	LEED-ND	邻近开发

(2) LEED-EB 主要是针对已经建成的建筑在运营及维护过程中进行可持续运营策略指导，其目的是将建筑运营效率最大化，并减小对环境的影响和破坏。符合 LEED-EB 认证要求的建筑包括办公、商场、酒店、公用事业建筑及可居住楼层在四层及四层以上的建筑。

(3) 对于租赁区域的装修和改造而言，LEED-CI 是理想的绿色设计和绿色施工评估系统。根据 LEED-CI 的建议，租户和他的设计团队、施工团队能够在他们所能够控制的区域范围内采取各种可持续发展的设计措施，提高室内环境质量。LEED-CI 适用于租房者租用的办公室、商场、公用事业空间。若租房者进行了转租或租用了整幢大楼，则不适用 LEED-CI。

(4) LEED-CS 是指在高度发达的商业社会中，一幢建筑物建成之后，其内部空间往往都是出租给各个不同的商家进行不同商业形态的营运，这种开发模式促进了一种将“建筑主体”与内装分离趋势，所谓的 Core & Shell 是指建筑主体，即核心体和外壳，也被称为“核壳结构”。当建筑主体施工完成，租户自行设计布局，并历经一段时间自我适应。为了鼓励出租建筑的业主在建筑设计和施工过程中也采用绿色环保的可持续发展理念，美国绿色建筑协会推出了 LEED-CS。LEED-CS 适用于主要功能空间出租面积大于 50%的建筑，若出租面积小于 50%，则建议采用 LEED-NC。

(5) LEED-Home 即 LEED-H，是针对住宅所进行的一种认证体系，它所针对的住宅产品主要类型包括：独立基地上建造的独立结构、单个家庭居住的独立房屋、复式别墅、排屋、TownHouse(二层楼或三层楼多栋联建住宅)等。如果住宅在四层或四层以上，则建议采用 LEED-NC 标准。

(6) LEED-ND。由 LEED-NC 和 LEED-EB 一起，共同构成了民用建筑选址、设计、建造、营运、维修保养、拆除一个完整的生命周期当中应该采取的可持续发展措施。LEED-CS 和 LEED-CI 一起，则完整构成了 Core & Shell 开发模式内外结合所应采取的绿色建筑措施。LEED-H 面对低层住宅、别墅类建筑。LEED-ND 则在更高的社区规划与发展层面上，把各

种 LEED 产品结合在一起，提出了实现综合性社区发展模式的具体措施。

2. LEED2.0 的评价对象和目的

LEED2.0 评价体系旨在采用成熟的或先进的工业原理、施工方法、材料和标准提高商业建筑的环境和经济性能。该标准是为了给旅馆、三层以上住宅和公共建筑项目的各利益方以及项目小组按绿色环保和可持续发展要求进行设计提供指导。LEED 整个项目包括培训、专业人员认可、提供资源支持和进行建筑性能的第三方认证等多方面的内容。

USGBC 通过开发推广 LEED 项目，旨在建立“绿色建筑”的通用标准定义，推广整体全面的建筑设计理念，对绿色建筑进行认证，激发绿色竞争，提高消费者的绿色建筑意识，转变建筑市场等。

3. LEED2.0 的评价项目和内容

LEED2.0 通过“可持续发展的建筑场地、水资源有效利用、能源和大气环境、材料和资源、室内环境质量以及能源和环境设计创新”等六个项目类别对建筑进行评价。在每一类别又分为“前提项”和“得分项”。“前提项”是前提条件，要求必须满足；“得分项”只有在满足“前提项”的条件下才能成立，才可积分。六个项目的“前提项”和“得分项”数量多少和对应的得分值各不相同。同时，各项下面又通过“目的”“要求”和“技术/对策”三方面进行阐述，其具体要求和技术对策往往参照相关法规制定。项目根据是否达到要求或达到要求的程度，评出相应的积分。

4. LEED 的认证程序和等级

申请 LEED 认证，项目组人员必须首先填写登记表对项目进行注册，而后准备相关的文件资料，并且认证项目必须完全满足 LEED 评分标准中规定的前提条件和最低得分。它主要包含以下七个环节。

(1) GBCI 官网注册。

(2) 下载模板准备申报材料。

(3) 网上上传申报材料。

(4) GBCI 提出初审意见。

(5) 修改补充提交复审。

(6) 最终审核意见。

(7) 公示并颁发证书、奖牌。

总体而言，LEED2.0 是一套比较完善的评价体系，与其他评价体系相比，它结构简单，考虑的问题较少，操作程序也较为简易。USGBC 还在对其具体内容进行不断的补充和更新，新的 LEED 商业室内版已经在网上试行发布。根据项目最后得分的高低，建筑项目可分为 LEED2.0 认证通过(26～32 分)、银奖认证(33～38 分)、金奖认证(39～51 分)、白金认证(52～69 分)四个等级。例如，日本丰田公司在美国加利福尼亚州的某栋生态办公建筑的认证结果是：每年节约能源共计 40 万美元，减少 94%的水资源使用量，95%的构筑物材料来自回收

再利用的建筑垃圾。经过 LEED 评估体系的总体认证，该建筑物总得分为 47，达到金奖认证的标准。

1.2.3 澳大利亚绿色建筑评估体系

澳大利亚绿色建筑委员会(Green Building Council Of Australia，GBCA)在过去的十年当中做了大量的工作，先是陆续颁布了各类建筑的评价标准，然后从侧重于政府建筑开始逐步扩大个体建筑的参评范围，从最初的办公建筑，到如今的教育、医疗、住宅、工业等，包括了大部分建筑类型。

澳大利亚的绿色之星绿色建筑评价体系吸收了欧美日等多种绿色建筑评价体系的优点，同时又有自己简易可行的特点，因此很快就得到了行业的认可，并逐渐摒弃了原先也曾尝试过的其他几个评价体系。

根据有关研究，十年来的绿色建筑的评估推广，为澳大利亚的环境建设贡献巨大，在减低碳排放量、节能节水、减少温室效应等方面都起到了很大的作用。

1. 澳大利亚绿色建筑的缘起与实践

要说到澳大利亚的绿色建筑概念的起源，要回溯到 2000 年 10 月，第 27 届夏季奥运会在悉尼举行。这是一届被当时的国际奥委会主席萨马兰奇先生称为“最成功的奥运会”，而能为澳大利亚争得这届奥运会主办权的是“绿色奥运”的概念。当时有两个年轻建筑师在设计奥运村时最先提出的这个概念，为悉尼赢得那一届的奥运举办权立下汗马功劳。

为了实现这个当初的承诺，悉尼的组织者们也是动了不少脑筋的。在获得举办权的不久，1993 年 10 月，悉尼奥委会发布了“夏季奥运会环境指导方针”，提出了在场馆设计和建设中应遵循的五大环保因素：节能；节水；减少废弃物；提高空气、水和土壤质量；保持特有的自然和文化环境。

这个指导方针，是最早的绿色建筑实践的评价标准和遵从原则，也可以说是澳大利亚绿色建筑评价体系的雏形。悉尼奥林匹克运动会的场馆建设，严格地执行了这些标准。尤其是澳大利亚体育场(Stadium Australia)，作为那个世界瞩目的赛事中的最大场馆，在整个规划设计建造过程中，都非常严格地遵从着这一标准。并且为了更好地指导执行这一标准，悉尼奥委会研究出台了“出生到坟墓”的理论，即如何在建筑物的整个生命周期内的每一个阶段考虑其对环境产生的作用，从它还在孕育之中到最后诞生，甚至到将来如何长大、如何拆毁，每一步，都制定了严格的规划和要求。

奥运之后，通过对奥运场馆建设的研讨总结和反思，业内人士普遍认为虽然在整个长达六七年的场馆建设过程中还存在着许多不足的地方，但是奥运场馆的建设为澳大利亚的建筑业建立了绿色建筑的初步标准和指导方向，是澳大利亚建筑业朝绿色建筑迈进的巨大一步，这为 2002 年绿色建筑委员会的成立、2003 年提出绿色之星的绿色建筑评价体系打下了坚实的基础。

2. 澳大利亚早期绿色建筑评估体系

澳大利亚对绿色建筑有过一种国家建筑环境评估体系，简称 NABERS(National Australian Built Environment Rating Scheme)。它的前身是澳大利亚建筑温室效应评估体系，简称 ABGR(Australian Building Green house Rating Scheme)。

ABGR 评估体系是澳大利亚第一个对商业性建筑温室气体排放和能源消耗水平的评价体系，它通过对建筑本身能源消耗的控制，来缓解温室气体的排放量。澳大利亚签署了温室气体减排监督议定书，确定了要达到的二氧化碳温室气体减排指标，为此，他们于 1999 年研究开发了这样一个评估体系。这个评估体系开始是由可持续能源部和一些建筑领域、开发领域的专业人士共同开发、管理的，现在是作为政府对能源有效利用法案的组成部分，适用于澳大利亚所有的商业性建筑。从 2008 年起，ABGR 评估与 NABERS 评估体系相结合，作为其能源评估的部分，更名为 NABERS Energy。

NABERS 评估体系是以性能为基础的等级评估体系，对既有建筑在运行过程中的整体环境影响进行衡量。NABERS 评估与 ABGR 评估同属于后评估，即通过建筑运行过程中实际积累的数据来评估。NABERS 评估体系由两部分组成：一部分是办公建筑，是对既有商用办公建筑进行等级评定，另一部分是住宅建筑，是对住宅进行的特定地区中的住宅平均水平的比较。评估的建筑星级等级越高，实际环境性能越好。目前，NABERS 评估体系有关办公建筑包含了能源和温室气体评估、水评估、垃圾和废弃物评估和室内环境评估。具体评价指标分类为三个方面：一是建筑对较大范围内环境的影响，包含能源使用和温室气体排放、水资源的使用、废弃物排放和处理、交通、制冷剂使用(可能导致的温室气体排放和臭氧层破坏)；二是建筑对使用者的影响，包括室内环境质量、用户满意程度；三是建筑对当地环境的影响，包含雨水排放、雨水污染、污水排放、自然景观多样性等。

3. 绿色之星(Green Star)评估体系

第二种是目前应用得最为广泛的绿色之星认证体系，简称 Green Star(Green Star Certification)。绿色之星认证是由澳大利亚半官方且非盈利的绿色建筑委员会(GBCA)开发并推广实施。

该评估体系涉及九个方面的指标，包括：管理、室内环境质量、能源、交通、水、材料、土地使用和生态、排放、创新。

每一项指标由分值表示其达到的绿色星级目标的水平，采用环境加权系数计算总分。全澳大利亚各州和地区的加权系数不尽相同，反映出各个地区各不相同的环境关注点。总分计算出来后共分为六级，其中四级以上可获得证书及奖牌。其中获 45～59 分，为四星级，称号为“最佳实践”；60～74 分为五星级，称号为“澳大利亚最佳”；75～100 分为六星级，称号为“世界领先”。

澳大利亚各级政府抓绿色建筑首先从政府办公建筑做起。从 2000 年开始联邦政府要求政府自建办公建筑必须按照五星级标准设计建造，政府租用办公楼也要优先租用达到绿色

建筑标准的办公建筑。目前，澳大利亚通过绿色建筑评估的主要是政府办公建筑、商用办公建筑、会议中心、购物中心、宾馆等公共建筑和住宅建筑，并进一步扩大到了医院建筑和学校建筑。

澳大利亚绿色建筑评估体系(绿色之星)从2003年正式颁布起，至今已经十余年过去了。这些年来，通过澳大利亚绿色之星评估体系评出的四星级以上建筑多达700多个，总建筑面积超出1000多万平方米。

1.2.4 日本CASBEE评价体系

日本建筑物综合环境评价研究委员会认为，从对地球环境影响的观点来评价建筑物的综合环境性能时，必须兼顾“削减环境负荷”和“蓄积优良建筑资产”两个方面，二者均关系到人类可持续发展这个至关重要的问题，于是进行了“建筑物综合环境性能评价体系”的研究。

CASBEE是一部澄清绿色建筑实质的专著，全面评价了建筑的环境品质和对资源、能源的消耗及对环境的影响，形成了鲜明的绿色建筑评价理念。日本CASBEE(Comprehensive Assessment System for Building Environmental Efficiency)建筑物综合环境性能评价方法以各种用途、规模的建筑物作为评价对象，从“环境效率”定义出发进行评价，试图评价建筑物在限定的环境性能下，通过措施降低环境负荷的效果。

CASBEE将评估体系分为Q(建筑环境性能、质量)与LR(建筑环境负荷)。建筑环境性能、质量包括：Q1——室内环境；Q2——服务性能；Q3——室外环境。建筑环境负荷包括：LR1——能源；LR2——资源、材料；LR3——建筑用地外环境。其每个项目都含有若干小项。

CASBEE采用5分评价制。满足最低要求为1分；达到一般水平为3分。参评项目最终的Q或LR得分为各个子项得分乘以其对应权重系数的结果之和，得出SQ与SLR。评分结果显示在细目表中，接着可计算出建筑物的环境性能效率，即BEE值。

【案例1-3】

目前全球绿色建筑评价体系主要包括美国绿色建筑评估体系(LEED)、英国绿色建筑评估体系(BREEAM)、日本建筑物综合环境性能评价体系(CASBEE)、法国绿色建筑评估体系(HQE)。此外，还有德国生态建筑导则(LNB)、澳大利亚的建筑环境评价体系(NABERS)、加拿大GBTools评估体系。

发达国家绿色建筑评估体系的发展为我国绿色建筑的发展提供了有益的经验，中国的《绿色奥运建筑评估体系》就参考了日本的CASBEE评估体系。我国内地于2003年8月由清华大学、中国建筑科学研究院等九家科研院所联合推出《绿色奥运建筑评估体系》。它是我国首个真正意义上的绿色建筑评估体系，也是我国第一个为北京奥运场馆建设量身打造的“绿标”。其具体研究内容为，根据绿色建筑的概念和奥运建筑的具体要求，制定了奥运建筑与园区建设的“绿色化”标准，研究开发针对这一标准的、科学的、可操作的评价方法。

结合本章内容，试分析我国所参考的日本的CASBEE评估体系与其他国外体系相比有哪些特点？

本章小结

本章主要是绿色建筑的基本概述，其中包含绿色建筑的基本概念，建筑的全寿命周期内，最大限度地节约资源(节能、节地、节水、节材)、保护环境和减少污染，为人们提供健康、适用和高效的使用空间，与自然和谐共生的建筑，绿色建筑的起源，以及在我国绿色建筑的发展史。另外还介绍了国外绿色建筑评价体系：英国BREEAM评价体系、美国IEED评价体系、澳大利亚绿色建筑评估体系、日本CASBEE评价体系。

实训练习

一、填空题

1. 2015年1月1日起实施颁布《绿色建筑评价标准》(GB/T 50378—2014)，其中绿色建筑定义：____。

2. 绿色之星(Green Star)评估体系，该评估体系涉及九个方面的指标，包括：________、__________、_________、___________、_________、_________、_________、__________、________。

3. 节约资源，包含了“四节”，是指________、________、________、_________。

二、单选题

1. 绿色建筑的“绿色”应该贯穿于建筑物的(   )过程。
   A. 全寿命周期　B. 原料的开采　C. 拆除　D. 建设实施
2. 绿色建筑施工是一种以(   )为核心的施工组织体系和施工方法。
   A. 节约成本　B. 降低噪音排放
   C. 环境保护　D. 减少废弃物排放
3. 哪些不是建筑节能的模拟分析软件？(   )
   A. 3dmax　B. Ecotect　C. Fluent　D. Phoenics
4. 以下属于绿色施工技术的是(   )。
   A. 工程办公区、现场采用LED节能灯　B. 厚钢板焊接技术
   C. 超高泵送混凝土技术　D. 聚氨酯防水涂料施工技术
5. 影响全球气候变化的主要因素是(   )。
   A. 城市的发展　B. 温室气体　C. 热岛效应　D. 臭氧层的破坏

三、简答题

1. 谈谈你对绿色建筑的理解。
2. 学习完本章内容，你对绿色建筑评价体系的改进有哪些意见？

第 1 章课后习题答案.docx

实训工作单

<table>
<tr><td>班级</td><td></td><td>姓名</td><td></td><td>日期</td><td></td></tr>
<tr><td colspan="2">教学项目</td><td colspan="4">绿色建筑概述</td></tr>
<tr><td>任务</td><td colspan="2">了解绿色建筑基本认识</td><td colspan="2">要求</td><td>查阅相关书籍初步认识绿色建筑</td></tr>
<tr><td colspan="3">相关知识</td><td colspan="3">绿色建筑基本知识</td></tr>
<tr><td colspan="3">其他要求</td><td colspan="3"></td></tr>
<tr><td colspan="6">查阅书籍的记录</td></tr>
<tr><td>评语</td><td colspan="3"></td><td>指导老师</td><td></td></tr>
</table>

第 2 章　绿色建筑的设计与评价

【教学目标】

- 了解绿色建筑设计规划及策划。
- 熟悉绿色建筑设计的要点。
- 掌握绿色建筑设计的程序。
- 掌握绿色建筑的评价标识。

【教学要求】

本章要点	掌握层次	相关知识点
绿色建筑的设计	1. 熟悉绿色建筑设计要点 2. 掌握绿色建筑设计的程序	绿色建筑设计要点分析
绿色建筑的评价	1. 熟悉绿色建筑评价标识及其管理 2. 熟悉绿色建筑评价标准 3. 熟悉绿色建筑等级划分	绿色建筑评价标识及其管理

【案例导入】

杭州市科技馆工程位于浙江省杭州市滨江区秋水路以北，江汉路以东，闻涛路以南。本工程由主展馆、巨幕影院、穹幕影院、办公培训等四大部分组成，主要功能有展览、立体影院、300 人报告厅、会议室、休息厅、培训教室、后勤保障、办公楼、地下汽车库、自行车库等。建筑设计使用年限 50 年；建筑耐火等级：地下一级、地上一级，为一类高层建筑;抗震设防烈度：6 度。

规划总用地面积 1.8727 公顷，其中：科技馆用地面积 1.6718 公顷。

总建筑面积，33656m^2；地上建筑面积，26392m^2；地下建筑面积，7264m^2；容积率 1.58，绿化率 20%，建筑层数、高度，地下 1 层、地上 4 层；建筑高度 38.6m，停车数量，机动车总停车位 120 辆。其中地上 25 辆(含 5 个大车位)，地下 95 辆(含 42 个机械停车)。

地下车库为钢筋混凝土结构，地上主体为钢筋框架结构。

2005 年 4 月 21 日立项，2009 年 4 月 1 日开始土建施工，2010 年 7 月 10 日结构验收。2011 年 4 月 30 日竣工验收及档案移交完成。

(资料来源：吴飞，缪方翔，左怀刚，郭丹.杭州市科技馆绿色施工方案[J].浙江建筑，2011，28(02)：41-45.)

【问题导入】

结合本章节的学习，思考绿色建筑的设计要点有哪些？绿色建筑标识管理的重要性是什么？

2.1 绿色建筑的设计

绿色建筑的设计与评价.mp4

较为常见的可再生能源应用.pdf

2.1.1 绿色建筑的规划

1. 绿色建筑规划设计的原则

在建筑物的基本建设过程的三个阶段(规划设计阶段、建设施工阶段、运行维护阶段)中，规划设计是源头，也是关键性阶段。规划设计只需消耗极少的资源，却决定了建筑存在几十年内的能源与资源消耗特性。从规划设计阶段推进绿色建筑，就抓住了关键，把好了源头(这比后面的任何一个阶段都重要)，就可以收到事半功倍的效果。在绿色建筑规划设计中，要关注其对全球生态环境、地区生态环境及自身室内外环境的影响，还要考虑建筑在整个生命周期内各个阶段对生态环境的影响。

绿色建筑规划设计的原则可归纳为下面几方面。

1) 节约生态环境资源

(1) 在建筑全生命周期内，使其对地球资源和能源的消耗量减至最小；在规划设计中，适度开发土地，节约建设用地。

(2) 建筑在全生命周期内，应具有适应性、可维护性等。

(3) 提高建筑密度，少占土地，城区适当提高建筑容积率。

(4) 选用节水用具，节约水资源；收集生产、生活废水，加以净化利用；收集雨水加以有效利用。

(5) 建筑物质材料选用可循环或有循环材料成分的产品。

(6) `使用耐久性材料和产品。

(7) 使用地方材料。

2) 使用可再生能源

(1) 采用节能照明系统。

(2) 提高建筑围护结构热工性能。

(3) 优化能源系统，提高系统能量转换效率。

(4) 对设备系统能耗进行计量和控制。

(5) 使用再生能源，尽量利用外窗、中庭、天窗进行自然采光。

(6) 利用太阳能集热、供暖、供热水。

(7) 利用太阳能发电。

(8) 建筑开窗位置适当，充分利用自然通风。

(9) 利用风力发电。

(10) 采用地源热泵技术实现采暖空调。

(11) 利用河水、湖水、浅层地下水进行采暖空调。

3) 保护自然生态环境

(1) 在建筑全生命周期内，使建筑废弃物的排放和对环境的污染降到最低。

(2) 保护水体、土壤和空气，减少对它们的污染。

(3) 扩大绿化面积，保护地区动植物种类的多样性。

(4) 保护自然生态环境，注重建筑与自然生态环境的协调；尽可能保护原有的自然生态系统。

(5) 减少交通废气排放。

(6) 减少废弃物排放量，使废弃物处理不对环境产生再污染。

4) 保障建筑微环境质量

(1) 选用绿色建材，减少材料中的易挥发有机物。

(2) 减少微生物滋长的机会。

(3) 加强自然通风，提供足量的新鲜空气。

(4) 恰当的温湿度控制。

(5) 防止噪声污染，创造优良的声环境。

(6) 提供充足的自然采光，创造优良的光环境。

(7) 提供充足的日照创造适宜的外部景观环境。

(8) 提高建筑的适应性、灵活性。

音频1.绿色建筑的设计原则.mp3

5) 构建和谐的社区环境

(1) 创造健康、舒适、安全的生活居住环境。

(2) 保护建筑的地方多样性。

(3) 保护拥有历史风貌的城市景观环境。

(4) 加强对传统街区、绿色空间的保存和再利用；注重社区文化和历史。

(5) 重视旧建筑的更新、改造、利用，继承发展地方传统的施工技术。

(6) 尊重公众参与设计等。

(7) 提供城市公共交通，便利居住出行交通等。

绿色建筑应根据所在地区的资源条件、气候特征、文化传统及经济和技术水平等对某些方面的问题进行强调和侧重。在绿色建筑规划设计中，可以根据各地的经济技术条件，对设计中各阶段、各专业的问题，排列优先顺序，并允许调整或排除一些较难实现的标准和项目，对有些标准予以适当的放松和降低。着重改善室内空气质量和声、光、热环境，研究相应的解决途径与关键技术，营造健康、舒适、高效的室内外环境。

2. 绿色建筑规划设计的内容

绿色建筑规划设计的内容包括建筑选址、分区、建筑布局、道路走向、建筑方位朝向、建筑体型、建筑间距、季风主导方向、太阳辐射、建筑外部空间环境构成等方面。

1) 建筑选址

为建筑物选择一个好的建设地址对实现建筑物的绿色设计至关重要。绿色建筑对基地有选择性，不是任何位置、任何气候条件下均可建造合理的绿色建筑。绿色建筑选址的位置宜选择良好的地形和环境，满足建筑冬季采暖和夏季致凉的要求，如建筑的基地应选择在向阳的平地或山坡上，以争取尽可能多的日照，为建筑单体的节能设计创造采暖先决条件，并可尽量减少冬季冷气流的影响。

2) 建筑布局

建筑的合理布局有助于改善日照条件、改善风环境，并有利于建立良好的气候防护单元。建筑布局应遵循的原则是：与场地取得适宜关系；充分结合总体分区及交通组织；有整体观念，统一中求变化，主次分明；体现建筑群特征；注意对比、和谐手法的运用。

3) 建筑朝向

建筑朝向的选择涉及当地气候条件、地理环境、建筑用地情况等，在建筑设计时，应结合各种设计条件，因地制宜地确定合理建筑朝向的范围，以满足生产和生活的需要。选择朝向的原则是满足冬季能争取较多的日照，夏季能避免过多的日照，并有利于自然通风的要求。由于我国处于北半球，因此大部分地区最佳的建筑朝向为南向。

4) 建筑间距

建筑间距应保证住宅室内获得一定的日照量，并结合日照、通风、采光、防止噪声和视线干扰、防火、防震、绿化、管线埋设、建筑布局形式以及节约用地等因素综合考虑确定。住宅的布置，通常以满足日照要求作为确定建筑间距的主要依据。《建筑设计防火规范》(GB 50016—2014)(2018 年版)规定多层建筑之间的建筑左右间距最少为 6 米，多层与高层建筑之间最少为 9 米，高层建筑之间的间距最少为 13 米，这是强制性规定。

5) 建筑体型

人们在建筑设计中常常追求建筑形态的变化，从节能角度考虑，合理的建筑形态设计不仅要求体形系数小，而且需要冬季日辐射得热多，对避寒风有利。具体选择建筑体型受多种因素制约，包括当地冬季气温和日辐射照度、建筑朝向、各面围护结构的保温状况和局部风环境状态等，需要具体权衡得热和失热的情况，优化组合各影响因素才能确定。

2.1.2 绿色建筑设计要点分析

1. 节地与室外环境

建筑场地应优先选用已开发且具城市改造潜力的用地；场地环境应安全可靠，远离污染源，并对自然灾害有充分的抵御能力；保护自然生态环境，充分利用原有场地上的自然生态条件，注重建筑与自然生态环境的协调；避免建筑行为导致水土流失或其他灾害。

在节地方面，建筑用地应适度密集，以适当提高公共建筑的建筑密度。住宅建筑必须立足创造宜居环境来确定建筑密度和容积率；强调土地的集约化利用，充分利用周边的配套公共建筑设施，合理规划用地；高效利用土地，如开发利用地下空间，采用新型结构体系与高强轻质结构材料，提高建筑空间的使用率。

在降低环境负荷方面，应将建筑活动对环境的负面影响控制在国家相关标准规定的允许范围内；减少建筑产生的废水、废气、废物的排放；利用园林绿化和建筑外部设计以减少热岛效应；减少建筑外立面和室外照明引起的光污染；采用雨水回渗措施，维持土壤水生态系统的平衡。

在绿化方面，应优先种植乡土植物和少维护、耐候性强的植物，以减少日常维护的费用；采用生态绿地、墙体绿化、屋顶绿化等多样化的绿化方式，应对乔木、灌木和攀缘植物进行合理配置，构成多层次的复合生态结构，达到人工配置的植物群落自然和谐，并起到遮阳、降低能耗的作用；绿地配置合理，达到局部环境内保持水土、调节气候、降低污染和隔绝噪声的目的。

在交通方面，应充分利用公共交通网络；合理组织交通，减少人车干扰；地面停车场采用透水地面，并结合绿化为车辆遮荫。

【案例 2-1】

音频 2.绿色建筑的耗能特点.mp3

某办公建筑位于南方，建筑高度为 32 米，建筑层数为地上 8 层地下 2 层，总面积为 38000 平方米。在绿化上，选择铁树、仙人掌、爬山虎等植被并计划节约浇灌用水。结合教材，请说明，该建筑绿化设计具体应采用哪些措施?

2. 节能与能源利用

为降低能耗，应利用场地自然条件，合理考虑建筑朝向和楼距，充分利用自然通风和天然采光，减少使用空调和人工照明；提高建筑围护结构的保温隔热性能，采用由高效保温材料制成的复合墙体和屋面、密封保温隔热性能好的门窗；采用有效的遮阳措施；采用用能调控和计量系统。

同时应提高用能效率，采用高效建筑供能、用能系统和设备；合理选择用能设备位置，使设备在高效区工作；根据建筑物用能负荷动态变化，采用合理的调控措施。

优化用能系统，采用能源回收技术；考虑部分空间、部分负荷下运营时的节能措施；有条件时宜采用热、电、冷联供形式，以提高能源利用效率；采用能量回收系统，如采用热回收技术；针对不同能源结构，实现能源梯级利用。

尽可能使用可再生能源。充分利用场地的自然资源条件，开发利用可再生能源，如太阳能、水能、风能、地热能、海洋能、生物质能、潮汐能以及通过热泵等先进技术取自自然环境(如大气、地表水、污水、浅层地下水、土壤等)的能量。可再生能源的使用不应造成对环境和原生态系统的破坏以及对自然资源的污染。可再生能源的应用如表 2-1 所示。

3. 节水与水资源利用

根据当地水资源状况，因地制宜地制定节水规划方案，如中水、雨水回收利用等，保证方案的经济性和可实施性。

提高用水效率。按高质高用、低质低用的原则，生活用水、景观用水和绿化用水等按用水水质要求分别提供、梯级处理回用；采用节水系统、节水器具和设备，如采取有效措

施，避免管网漏损，空调冷却水和游泳池用水采用循环水处理系统，卫生间采用低水量冲洗便器、感应出水龙头或缓闭冲洗阀等，提倡使用免冲厕技术等；采用节水的景观和绿化浇灌设计，如景观用水不使用市政自来水，尽量利用河湖水、收集的雨水或再生水，绿化浇灌采用微灌、滴灌等节水措施。

在雨水、污水综合利用上，采用雨水、污水分流系统，有利于污水处理和雨水的回收再利用；在水资源短缺地区，通过技术经济比较，合理采用雨水和中水回用系统；合理规划地表与屋顶雨水径流途径，最大限度地降低地表径流，采用多种渗透措施增加雨水的渗透量。

表 2-1　可再生能源应用

可再生能源	利用方式
太阳能	太阳能发电
	太阳能供暖与热水
	太阳能利用(不含采光)于干燥、炊事等较高温用途热量的供给
	太阳能制冷
地热(100%回灌)	地热发电+梯级利用
	地热梯级利用技术(地热直接供暖－热泵供暖联合利用)
	地热供暖技术
风能	风能发电技术
生物质能	生物质能发电
	生物质能转换热利用
其他	地源热泵技术
	污水和废水热泵技术
	地表水水源热泵技术
	浅层地下水热泵技术(100%回灌)
	浅层地下水直接供冷技术(100%回灌)
	地道风空调

4. 节材与材料资源利用

在节材方面，采用高性能、低材耗、耐久性好的新型建筑体系；选用可循环、可回用和可再生的建材；采用工业化生产的成品，减少现场作业；遵循模数协调原则，减少施工废料；减少不可再生资源的使用。

尽量使用绿色建材，选用蕴能低、高性能、高耐久性和本地建材，减少建材在全寿命周期中的能源消耗；选用可降解、对环境污染少的建材；使用原料消耗量少和采用废弃物生产的建材；使用可节能的功能性建材。

5. 室内环境质量

在光环境方面，设计采光性能最佳的建筑朝向，发挥天井、庭院、中庭的采光作用，

使天然光线能照亮人员经常停留的室内空间；采用自然光调控设施，如采用反光板、反光镜、集光装置等，改善室内的自然光分布；使办公和居住空间，开窗能有良好的视野；室内照明尽量利用自然光，如不具备自然采光条件，可利用光导纤维引导照明，以充分利用阳光，减少白天对人工照明的依赖；照明系统采用分区控制、场景设置等技术措施，有效避免过度使用和浪费；分级设计一般照明和局部照明，满足低标准的一般照明与符合工作面照度要求的局部照明相结合；使局部照明可调节，以有利于使用者的健康和照明节能；采用高效、节能的光源、灯具和电器附件。

在热环境方面，优化建筑外围护结构的热工性能，防止因外围护结构内表面温度过高或过低，避免透过玻璃进入室内的太阳辐射热等引起不舒适感；设置室内温度和湿度调控系统，使室内的热舒适度能得到有效的调控，建筑物内的加湿和除湿系统能得到有效调节；根据使用要求合理设计温度可调区域的大小，满足不同个体对热舒适度的要求。

【案例 2-2】

英国伦敦的西门子“水晶大厦”是一座会议中心，也是一座展览馆，更是向公众展示未来城市及基础设施先进理念的一个窗口。在伦敦纽汉区皇家维多利亚码头，一座世界上独一无二的建筑已经崛起，西门子将其在城市与基础设施领域的智慧融入其中，正如它的形状“水晶”一样，未来城市的多面将在此放射出夺目的光彩。

除了惊人的结构设计，“水晶大厦”是人类有史以来最环保的建筑之一。“水晶大厦”本身也为未来城市提供了样本，它占地逾 6300 平方米，却是高能效的典范。与同类办公楼相比，它可节电 50%，减少二氧化碳排放 65%，供热与制冷的需求全部来自可再生能源。该建筑使用自然光线，白天自然光的利用完全。它还利用智能照明技术，电力主要由光伏太阳能电池板提供，建筑被一个集成 LED 和荧光灯装饰，开关根据自然自动处理。

“水晶”的另一个有趣的特性是所谓的集雨和污水回收。建筑的屋顶作为收集器的雨水，污水处理，然后再生水纯化和转化为饮用水。

结合本小节内容，试分析在绿色建筑规划设计时要遵循哪些原则？

2.1.3 绿色建筑策划

1. 策划目标

设计策划应明确绿色建筑的项目定位、建设目标及对应的技术策略、增量成本与效益分析。策划目标应包括下列内容：节地与室外环境的目标、节能与能源利用的目标、节水与水资源利用的目标、节材与材料资源利用的目标、室内环境质量的目标、运营管理的目标。

2. 绿色建筑策划的内容

前期调研应包括场地分析、市场分析和社会环境分析，并满足下列要求。

(1) 场地分析应包括地理位置、场地生态环境、场地气候环境、地形地貌、场地周边环境、道路交通和市政基础设施规划条件等。

(2) 市场分析应包括建设项目的功能要求、市场需求、使用模式、技术条件等。

(3) 社会环境分析应包括区域资源、人文环境和生活质量、区域经济水平与发展空间、周边公众的意见与建议、当地绿色建筑的激励政策情况等。

项目定位与目标分析，要分析项目的自身特点和要求，分析《绿色建筑评价标准》(GB/T 50378—2019)相关等级的要求，确定适宜的实施目标。

3. 绿色建筑技术方案与实施策略分析

应根据项目前期调研成果和明确的绿色建筑目标，制定项目绿色建筑技术方案与实施策略，并应满足下列要求：选用适宜的、被动的技术；选用集成技术；选用高性能的建筑产品和设备；对现有条件不满足绿色建筑目标的，采取补偿措施。

4. 绿色措施经济技术可行性分析

绿色措施经济技术可行性分析包括技术可行性分析、经济性分析、效益分析和风险分析。

5. 编制项目策划书

项目策划书编制流程如图 2-1 所示。

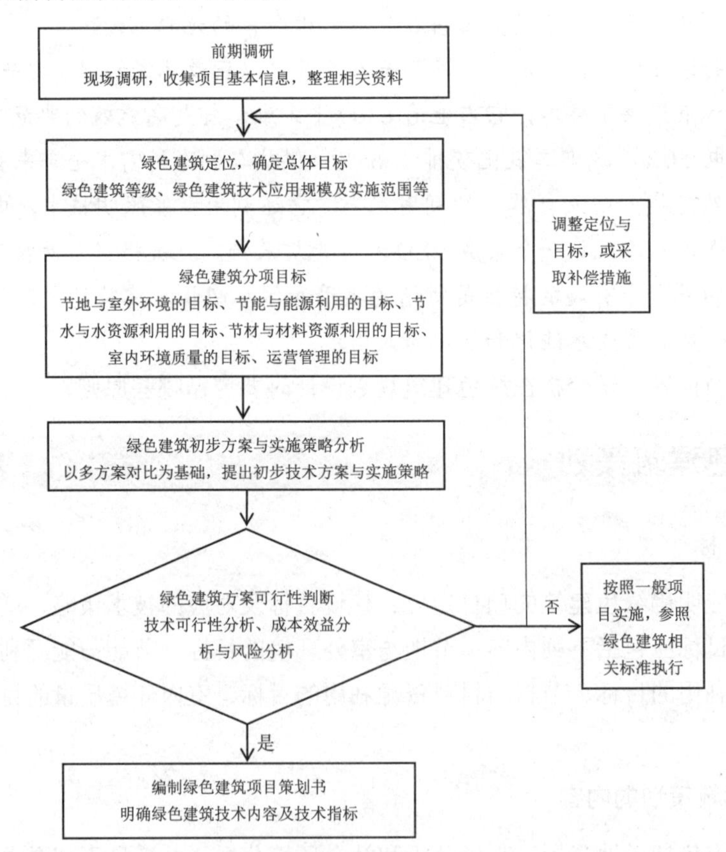

图 2-1　绿色建筑策划书编制流程

2.1.4 绿色建筑设计的程序

绿色建筑设计一般需要经过需求建立、需求论证、总体方案、方案评审、初步设计及评审、技术设计、施工图设计等各阶段。设计的程序如图2-2所示，各主要阶段主要工作内容如下所述。

1. 需求论证

需求论证是用来证明需求的必要性、可能性、实用性和经济性。通过论证提出绿色建筑项目建设的根据，要对同类、同系统的建筑进行认真、细致、深入的调查，对其建设效果有一个本质的了解，并且把同类、同系统的建筑所呈现的不同结果，进行全面的分析对比，在考虑影响因素约束条件的情况下，从中找出有规律的东西，以指导设计工作。同时，通过需求论证给出建筑项目的可行性论证报告。

2. 初步设计

初步设计又叫总体设计，是根据已批准的可行性报告进行的总体设计，在相互配合、组织、联系等方面进行统一规划、部署和安排，以使整个工程项目在布置上紧凑、流程上顺畅、技术上可靠、施工上方便、经济上合理。初步设计要确定做什么项目，达到什么功能、技术档次与水平以及总体上的布局等。在审查设计方案和初步设计文件中，要着重审查方案“有多少绿”，设计是否符合生态、健康标准。

3. 技术设计

对那些特大型或是特别复杂而无设计经验的绿色项目，要进行技术设计。技术设计是为了解决某些技术问题或选择技术方案而进行的设计，它是工程投资和施工图设计的依据。在技术设计中，要根据已批准的初步设计文件及其依据的资料进行设计。衡量技术设计的成功：一是解决了拟解决的问题；二是待定的方案得到了确定；三是已经具备施工图设计的条件。

4. 施工图设计

施工图是直接用于施工操作的指导性文件，是绿色建筑设计工作的最终体现。它包括绿色建筑项目的设计说明、有关图例、系统图、平面图、大样图等，完整的设计还应附有机械设备明细表。施工图设计应根据批准的初步设计文件或技术设计文件和各功能系统设备订货情况进行编制。施工图设计完成后还应进行校对、审核、会签，未会签、未盖章的图纸不得交付施工使用。在施工图交付施工使用前，设计单位应向建设单位、监理单位、施工单位进行技术交底，并进行图纸会审。在施工中，如发现图纸有误、有遗漏、有交代不清之处或是与现场情况不符需要修改的，应由施工单位提出，经原设计单位签发设计变更通知单或技术核定单，并作为设计文件的补充和组成部分。任何单位和个人不得擅自修改施工图。

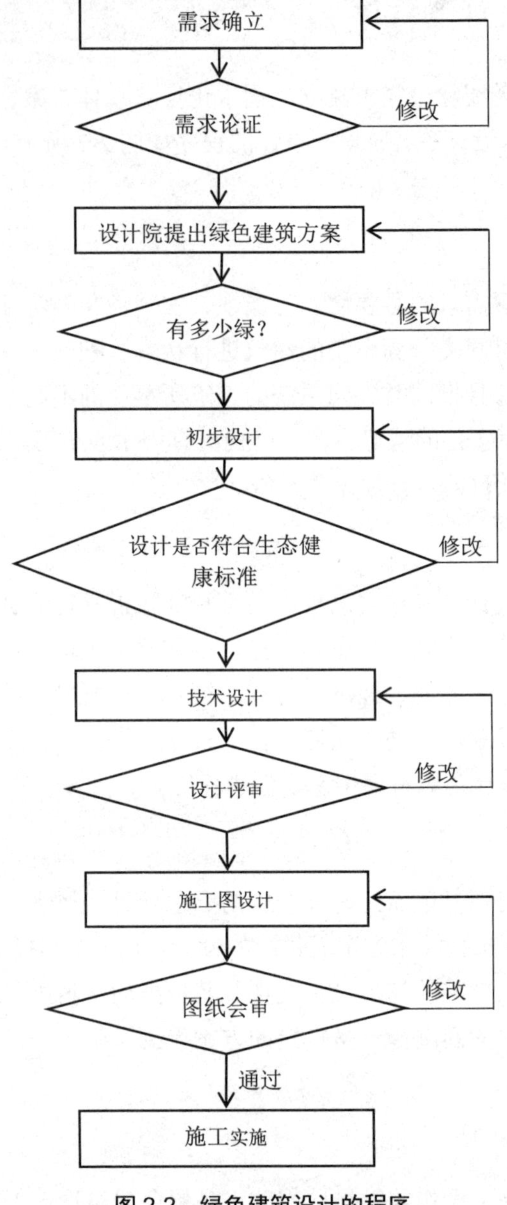

图 2-2　绿色建筑设计的程序

2.2　绿色建筑的评价

评价较高的绿色建筑.pdf

2.2.1　绿色建筑评价概述

绿色建筑在实践领域的实施和推广有赖于建立明确的绿色建筑评估体系，一套清晰的绿色建筑评估体系对绿色建筑概念的具体化、使绿色建筑脱离空中楼阁真正走入实践，以及对人们真正理解绿色建筑的内涵，都起着极其重要的作用。

国际上对绿色建筑的评价大概经历了以下三个阶段：第一阶段主要是进行相关产品及技术的一般评价、介绍与展示；第二阶段主要是对与环境生态概念相关的建筑热、声、光等物理性能进行方案设计阶段的软件模拟与评价；第三阶段以“可持续发展”为主要评价尺度，对建筑整体的环境表现进行综合审定与评价。这一阶段在各个国家相继出现了一批作用相似的评价工具。今后，将对现阶段已有的评价工具与设计阶段的模拟辅助工具进行整合。

近30年来，绿色建筑从理念到实践，在发达国家逐步完善，形成了较成体系的设计方法、评估方法，各种新技术、新材料层出不穷。一些发达国家还组织起来，共同探索实现建筑可持续发展的道路，如加拿大的“绿色建筑挑战”(GREEN BUILDING CHALLENGE)行动，采用新技术、新材料、新工艺，实行综合优化设计，使建筑在满足使用需要的基础上所消耗的资源、能源最少。日本颁布了《住宅建设计划法》，提出“重新组织大城市居住空间(环境)”的要求，以满足21世纪人们对居住环境的需求，适应住房需求变化。德国在20世纪90年代开始推行适应生态环境的居住区政策，以切实贯彻可持续发展的战略。法国在20世纪80年代进行了以改善居住区环境为主要内容的大规模居住区改造工作。瑞典实施了“百万套住宅计划”，在居住区建设与生态环境协调方面取得了令人瞩目的成就。

绿色建筑评价体系的建立，由于其涉及专业领域的广泛性、复杂性和多样性，而成为一种非常重要却又复杂艰巨的工作。它不仅要求各个领域专家必须通力合作，共同制定出一套科学的评价体系和标准，而且要求这种体系和标准在实际操作中简单易行。

1. 绿色建筑的评价内容

虽然各国的国情以及对可持续的建筑与环境之间关系的理解不同，各国的绿色建筑评价具体内容和项目划分也不尽相同。目前，综合各国绿色建筑评价的内容，可以将其划分为以下五大类指标项目。

1) 环境

环境是指在对水、土地、能源、建材等自然资源消耗的同时对水、土地、空气等的污染，对生物物种多样性的破坏等。

2) 健康

健康主要是指室内环境质量。

3) 社会

社会是指绿色建筑的经济性及其使用、管理等社会问题。

4) 规划

规划包括场址的环境设计、交通规划等。

5) 设计

设计是指设计中意在改进建设生态性能的手法等。

2. 绿色建筑的评价机制

首先根据当地的自然环境(包括气候、生态类型、地区需求等)以及建筑因素(包括建筑

形式、发展阶段、地区实践)等条件，确定在当地使用的建筑评价指标项目的构架。其次是对以上确立的各项指标项目确定评价标准。一般都以现行的国家或地区规范以及公认的国际标准作为最重要的参照和准则。同时，在有些评价工具中，评价标准还被设为标尺的形式，用来动态地反映地区之间的最佳水平和最新进展。最后是根据标准对有关项目进行评价。

3. 绿色建筑的评价过程

首先要输入数据。根据评价指标项目，输入相关设计、规划、管理、运行等方面的数值与文件资料。其次是综合评分。由具有资格的评审人员根据有关评价标准，对单个评价项目进行评价，一般采用加权累积的方法评定最后得分。最后应确定等级。根据得分的多少，确定该绿色建筑的等级并颁发相应的等级认定证书。

2.2.2 绿色建筑评价标识及其管理

音频 3.绿色建筑的环境标准.mp3

1. 绿色建筑标识的等级和类别

绿色建筑评价标识(以下简称“评价标识”)，是指对申请进行绿色建筑等级评定的建筑物，依据《绿色建筑评价标准》(GB/T 50378—2019)和《绿色建筑评价技术细则》，按照本办法确定的程序和要求，确认其等级并进行信息性标识的一种评价活动。标识包括证书和标志。标识评价适用于已竣工并投入使用的住宅建筑和公共建筑评价标识的组织实施与管理。评价标识的申请应遵循自愿原则，评价标识工作应遵循科学、公开、公平和公正的原则。绿色建筑等级由低至高分为一星级、二星级和三星级三个等级。绿色建筑评价分为规划设计阶段和竣工投入使用阶段标识。规划设计阶段绿色建筑标识有效期限为一年，竣工投入使用阶段绿色建筑标识有效期限为三年。

2. 绿色建筑标识的管理机构

住房和城乡建设部负责指导和管理绿色建筑评价标识工作，制定管理办法，监督实施，公示、审定、公布通过的项目。对审定的项目由住房和城乡建设部公布，并颁发证书和标志。住房和城乡建设部委托部科技发展促进中心负责绿色建筑评价标识的具体组织实施等日常管理工作，并接受建设部的监督与管理。住房和城乡建设部科技发展促进中心负责对申请的项目组织评审，建立并管理评审工作档案，受理查询事务。

具体做法为住房和城乡建设部负责指导全国绿色建筑评价标识工作和组织三星级绿色建筑评价标识的评审，研究制定管理制度，监制和统一规定标识证书、标志的格式、内容，统一管理各星级的标志和证书；指导和监督各地开展一星级和二星级绿色建筑评价标识工作。住房和城乡建设部选择确定具备条件的地区，开展所辖区域一星级和二星级绿色建筑评价标识工作。各地绿色建筑评价标识工作由当地住房和城乡建设主管部门负责。拟开展地方绿色建筑评价标识的地区，需由当地住房和城乡建设主管部门向住房和城乡建设部提出申请，经同意后开展绿色建筑评价标识工作。地方住房和城乡建设主管部门可委托中国城市学研究会在当地设立的绿色建筑专委会或当地成立的绿色建筑学协会承担绿色建筑评价标识工作。

1) 申请开展绿色建筑评价标识工作的地区应具备的条件

(1) 省、自治区、直辖市和计划单列城市。

(2) 依据《绿色建筑评价标准》制定出台了当地的绿色建筑评价标准。

(3) 明确了开展地方绿色建筑评价标识日常管理机构，并根据《绿色建筑评价标识管理办法(试行)》制定了工作方案或实施细则。

(4) 成立了符合要求的绿色建筑评价标识专家委员会，承担评价标识的评审。

2) 各地绿色建筑评价标识工作的技术依托单位应满足的条件

(1) 具有一定从事绿色建筑设计与研究的实力，具有进行绿色建筑评价标识工作所涉及专业的技术人员，副高级以上职称的人员比例不低于30%。

(2) 科研类单位应拥有通过国家实验室认可(CNAS)或计量认证(CMA)的实验室及测评能力。

(3) 设计类单位应具有甲级资质。

3) 组建的绿色建筑评价标识专家委员会应满足的条件

(1) 专家委员会应包括规划与建筑、结构、暖通、给排水、电气、建材、建筑物理等七个专业组，每一专业组至少由三名专家组成。

(2) 专家委员会设一名主任委员、七名分别负责七个专业组的副主任委员。

(3) 专家委员会专家应具有本专业高级专业技术职称，并具有比较丰富的绿色建筑理论知识和实践经验，熟悉绿色建筑评价标识的管理规定和技术标准，具有良好的职业道德。

(4) 专家委员会委员实行聘任制。

具备条件的地区申请开展绿色建筑评价标识工作，应提交申请报告，包括负责绿色建筑评价标识日常管理工作的机构和技术依托单位的基本情况，专家委员会组成名单及相关工作经历，开展绿色建筑评价标识工作实施方案等材料。住房和城乡建设部对拟开展绿色建筑评价标识工作的申请进行审查。

经同意开展绿色建筑评价标识工作的地区，在住房和城乡建设部的指导下，按照《绿色建筑评价标识管理办法(试行)》结合当地情况制定实施细则，组织和指导绿色建筑评价标识管理机构、技术依托单位、专家委员会，开展所辖区域一、二星级绿色建筑评价标识工作。开展绿色建筑评价标识工作应按照规定的程序，科学、公正、公开、公平地进行。各地住房和城乡建设行政主管部门对评价标识的科学性、公正性、公平性负责，通过评审的项目要进行公示。省级住房和城乡建设主管部门应将项目评审情况及经公示无异议或有异议经核实通过评定、拟颁发标识的项目名单、项目简介、专家评审意见复印件、有异议项目处理情况等相关资料一并报住房和城乡建设部备案。

通过评审的项目由住房和城乡建设部统一编号，省级住房和城乡建设主管部门按照编号和统一规定的内容、格式，制作颁发证书和标志，并公告。住房和城乡建设部委托住房和城乡建设部科技发展促进中心组织开展地方相关管理和评审人员的培训考核工作，负责

与各地绿色建筑评价标识相关单位进行沟通与联系。

住房和城乡建设部对各地绿色建筑评价标识工作进行监督检查，不定期地对各地审定的绿色建筑评价标识项目进行抽查，同时接受社会的监督。对监督检查中和经举报发现未按规定程序进行评价，评审过程中存在不科学、不公正、不公平等问题的，责令整改直至取消评审资格。被取消评审资格的地区自取消之日起一年内不得开展绿色建筑评价标识工作。各地要加强对本地区绿色建筑评价标识工作的监督管理，对通过审定标识的项目进行检查，及时总结工作经验，并将有关情况报住房和城乡建设部。

3. 绿色建筑评价标识的申请

申请绿色建筑评价标识遵循自愿的原则，申请单位提出申请并由评价标识管理机构受理后承担相应的义务。在组织评审过程中，严禁以各种名义乱收费。评价标识的申请应由业主单位、房地产开发单位提出，鼓励设计单位、施工单位和物业管理单位等相关单位共同参与申请。同时，要求申请评价标识的住宅建筑和公共建筑应当通过工程质量验收并投入使用一年以上，未发生重大质量安全事故，无拖欠工资和工程款。

申请单位应当提供真实、完整的申报材料，填写评价标识申报书，提供工程立项批件、申报单位的资质证书，工程用材料、产品、设备的合格证书、检测报告等材料，以及必须的规划、设计、施工、验收和运营管理资料。评价标识申请在通过申请材料的形式审查后，由组成的评审专家委员会对其进行评审，并对通过评审的项目进行公示，公示期为30天。经公示后无异议或有异议但已协调解决的项目，由建设部审定。对有异议而且无法协调解决的项目，将不予进行审定并向申请单位说明情况，退还申请资料。

2.2.3 绿色建筑评价标准

绿色建筑评价是一种对建筑可持续性能的评价，反映了建筑在各个环境类别中的“相对绿色”程度，是绿色建筑在一定的社会技术环境下的相对表现。绿色建筑系统不是一般的单一体系，而是一种多样性的类型和结构，地域性强的复杂系统。其对环境影响变化包括各种物理和化学性的生态影响以及对人的健康影响等，既有数量变化问题，也有质量变化问题，因而评价的标准体系不仅十分复杂，涉及的方面众多，而且因地区不同而不同。制定准确可行的建筑环境标准可以为进一步制定和执行绿色建筑有关法规提供技术依据，并使法规具有可检验性和可操作性。

1. 建筑环境标准

从根本上而言，绿色建筑评价的标准属于环境标准的范畴，环境标准是环境管理目标和应达效果的表示，也是环境管理的工具之一。亚洲开发银行环境办公室对环境标准所下的定义是：环境标准是为维持环境资源的价值，对某种物质或参数设置的极限含量。标准可适用的环境资源范围较广，它是通过分析影响资源的敏感参数，确定维持该资源所需水平而制定的。在我国，环境标准除了各种指数和基准之外，还包括与环境监测、评价以及制定标准和法制有关的基础和方法的统一规定。《中华人民共和国环境保护标准管理办法》中对环境标准的定义为：环境保护标准是为了保护人群健康、社会物质财富和维持生态平衡，对大气、水、土壤等环境质量，对污染源、监测方法以及其他需要所制定的标准。一般的环境标准应能满足如下基本要求。

(1) 能反映建筑所影响的生态环境质量的优劣，特别是能衡量生态环境的变化。

(2) 能反映周围生态环境受影响的范围和程度，并尽可能量化。

(3) 能用于规范建设活动的行为，即具有可操作性。

而建筑环境标准的指标值在选取时还要考虑以下基本原则。

(1) 定性指标和定量指标相结合。其中能反映建筑环境功能，可以通过数量化计量的定量指标应尽可能占指标体系的主体。

(2) 先进性和超前性。能满足建筑可持续发展的要求，随着经济、社会的发展，当新的技术或革新出现时，能够及时地自我调整。

(3) 地域性。环境系统的地域性特征使得建筑环境评价不宜采取统一的标准和指标值，而是应根据地域特点科学地选取。

2. 绿色建筑评价体系标准的制定

绿色建筑体系是一种复杂的多因素、多层次的可持续人工系统，其设计目标涉及经济、社会、生态环境诸领域且相互联系、相互制约，这就决定了对其相应评价标准的制定需要具有整体性、综合性和多学科交叉性的特点，而且由于各方面有其具体的目标和要求，这些要求有时甚至会发生冲突，为此在制定评价标准时，应进行综合考虑，寻求标准体系的最佳综合性能。制定时，其基本要求是必须遵从国家、建筑行业和地方规定的标准，包括国家已颁布的环境质量标准，行业标准如建筑节能设计标准等。制定可持续性发展评价标准可参考的思想方法包括以下两种。

1) 费用效益分析法(货币化指标)

费用效益分析为制定绿色建筑体系的标准提供了经济性分析方法。费用效益分析是鉴别和度量一个项目或规划的经济效益和费用的方法。一个项目的收益或效益是该项目可能得到的商品或劳务产出的增值价值，其中也包含环境劳务和环境效益；而费用则是该项目所使用的实际资源的价值，包括经常被忽视的公共环境资源等。对于一个建筑项目而言，其收益是获得的建筑产品及其整个寿命阶段的多种价值形态。建筑是人工化的自然，除少数专门治理污染的建筑产品外，一般建筑产品不会对生态环境产生积极影响；而建筑项目的费用，除了用于建筑施工、修缮、运行和与建筑设施有关的基础设施上的直接费用外，还包括花费在与建筑相关的使用者的健康和生产率问题上的间接费用以及处理诸如空气和水污染、废弃物产生和生态环境破坏等的外部费用。绿色建筑由于其在环境特性方面的措施改进，可以产生环境效益，显著节省建筑运行费用，同时提高使用者的劳动生产率。

无论建筑的效益创造还是成本耗费，都跨越了此建筑的整个寿命周期，而不仅仅是施工建成阶段，费用效益法是系统且深入地了解建筑在整个寿命周期中对环境所有影响和相关的成本值，如把整个研究阶段的成本折算成现值相加，以货币化指标为标准，就可以衡

量建筑的绿色程度。

2) 生态足迹(Ecological Footprint)

目前主流的货币化指标和非货币化指标体系在衡量可持续性时都存在着或多或少的不足，生态足迹(Ecological Footprint)从一个全新的角度，试图描述人类所面临的世界现状与未来，告诉人们“我们是否接近或者远离了可持续发展的目标”。这一概念是由加拿大著名生态经济学家 Rees 教授及其学生 Wackernagel 教授和 Wada 博士提出并加以发展的。生态足迹就是能够持续地提供资源或消纳废物的、具有生物生产力的地域空间。针对不同的研究层次，生态足迹可以是个体的、区域的、国家的甚至全球的，其含义就是要维持个体、地区、国家或者全球的生存所需要的或者能够吸纳所排放废物的、具有生物生产力的地域面积，它将资源供给和消耗统一到一个全球一致的面积指标，使可持续发展的衡量真正具有区域可比性。通过相同的单位比较人类的需求和自然界的供给，评估的结果清楚地表明：在所分析的每一个时空尺度上，人类对生物圈所施加的压力大小。

生态足迹是一个和人口承载力既相似又不同的概念。所谓人口承载力，是指一定技术水平条件下，一个地区的资源能够承载的一定生活质量的人口的数量。而生态足迹则是从相反的角度估计要承载一定生活质量的人口需要多大的生态空间。这里的生态空间主要是指可供人类使用的可再生资源或者能够消纳废物的生态系统。因此，我们又称之为“占用的承载力”。对于其他动物而言，这两类方法的结果是相等的，但对于人类，承载一定数量的人口所需要的面积在不同区域差异相当大，这源于人类的资源利用强度、消费水平、废物排放水平的区域差异性。例如，中国能够养活 13 亿中国人，但绝不是等同于相等数量的美国人或者欧洲人。对于不同生活质量的人口，资源的承载力显然是不同的。此外，人口承载力还难以分析。

贸易的影响。国际资源贸易改变了资源利用的空间格局。无疑，许多发达国家(如日本)的人口承载力远远低于其目前的人口规模。但是，超载的人口具有不同的文化背景，特别是不同的生活质量，不具有直接可比性，而生态足迹可将每个人消耗的资源折合成为全球统一的、具有生态生产力的地域面积，这种面积是不具有区域特性的，可以很容易地进行比较。区域的实际生态足迹如果超过了区域所能提供的生态足迹，就表现为生态赤字；如果小于区域所能提供的生态足迹，则表现为生态盈余。区域生态足迹总供给与总需求之间的差值，生态赤字或生态盈余，准确地反映了不同区域对于全球生态环境现状的贡献。生态足迹分析基于两个基本事实：能够追踪对象所消费的资源和所排放的废物，找到其生产区和消纳区。由于全球化和贸易的发展，追踪其具体的区位还需要大量的科学研究。

生态足迹的基本概念可以推广到绿色建筑的标准制定上，即计算单位建筑在整个寿命周期所需要的或者能够吸纳所排放废物的、具有生物生产力的地域面积，并以此衡量建筑对生态环境的压力大小。

【案例 2-3】

某大型公共办公建筑申请三星级绿色公共建筑(运行阶段)，其所有的办公室都采用了调

节方便、提高舒适性的空调末端。

问题：

(1) 《绿色建筑评价标准》要求：室内采用调节方便、可提高人员舒适性的空调末端。那么，不良的空调末端设计包括哪些？

(2) 建筑内主要功能房间应满足什么要求，才可判定为本条达标？

2.2.4 绿色建筑等级划分

绿色建筑评价指标体系由节地与室外环境、节能与能源利用、节水与水资源利用、节材与材料资源利用、室内环境质量、施工管理、运营管理七类指标组成。每类指标均包括控制项和评分项。评价指标体系还统一设置有加分项。

设计评价时，虽不对施工管理和运营管理两类指标进行评价，但可预评相关条文。运行评价应包括七类指标。

控制项的评定结果为满足或不满足；评分项和加分项的评定结果为分值。绿色建筑评价应按总得分确定等级。评价指标体系七类指标的总分均为 100 分。七类指标各自的评分项得分 Q_1、Q_2、Q_3、Q_4、Q_5、Q_6、Q_7 按参评建筑该类指标的评分项实际得分值除以适用于该建筑的评分项总分值再乘以 100 分计算。

$$\sum Q = w_1Q_1 + w_2Q_2 + w_3Q_3 + w_4Q_4 + w_5Q_5 + w_6Q_6 + w_7Q_7 + Q_8 \tag{2-1}$$

绿色建筑评价的总得分按下式进行计算，其中评价指标体系七类指标评分项的权重 w_1～w_7 取值见表 2-2 所示。

表 2-2 绿色建筑各类评价指标的权重

评价指标		节地与室外环境 w_1	节能与能源利用 w_2	节水与水资源利用 w_3	节材与材料资源利用 w_4	室内环境质量 w_5	施工管理 w_6	运营管理 w_7
设计评价	居住建筑	0.21	0.24	0.20	0.17	0.18	—	—
	公共建筑	0.16	0.28	0.18	0.19	0.19	—	—
运行评价	居住建筑	0.17	0.19	0.16	0.14	0.14	0.10	0.10
	公共建筑	0.13	0.23	0.14	0.15	0.15	0.10	0.10

本章小结

本章主要介绍了绿色建筑的设计与评价。绿色建筑的设计需要考虑环境保护、节能与能源利用、节地与室外环境、节水与水资源利用、节材与材料资源利用；绿色建筑设计一般需要经过需求确立、需求论证、总体方案、方案评审、初步设计及评审、技术设计、施工图设计等各阶段。绿色建筑标识评价适用于已竣工并投入使用的住宅建筑和公共建筑评价标识的组织实施与管理。绿色建筑评价涵盖了评价标准和评价等级以及评价的管理等内容。通过对本章节内容的学习，学生们可以更好地了解绿色建筑的相关内容。

实训练习

一、填空题

1. 绿色建筑设计一般需要经过________、________、________、_______、_______、_______、施工图设计等各阶段。

2. 绿色建筑评价分为____________和_______________。规划设计阶段绿色建筑标识有效期限为______，竣工投入使用阶段绿色建筑标识有效期限为______。

3. 各地绿色建筑评价标识工作的技术依托单位应满足设计类单位应具有_____资质。

4. 评价标识申请在通过申请材料的形式审查后，由组成的评审专家委员会对其进行评审，并对通过评审的项目进行公示，公示期为_____天。

5. 生态足迹分析基于两个基本的事实：____。

二、多选题

1. 绿色建筑规划设计的内容包括(　　)。

A. 建筑选址　　B. 道路走向　　C. 太阳辐射　　D. 光线强弱

2. 绿色建筑设计一般需要经过(　　)。

A. 需求论证　　B. 材料设计　　C. 初步设计　　D. 施工图设计

3. 绿色建筑的评价内容指标项目包括(　　)。

A. 环境　　B. 社会　　C. 设计　　D. 噪声

4. 可持续性发展评价标准可参考的制定方法包括(　　)。

A. 费用效益分析法　　B. 生态足迹法

C. 回收利用法　　D. 能源再生法

5. 建筑环境标准的指标值在选取时要考虑以下基本原则(　　)。

A. 先进性和超前性　　B. 持续性

C. 污染性　　D. 地域性

三、简答题

1. 简述绿色建筑规划设计的原则有哪些。
2. 简述绿色建筑设计的程序有哪些。
3. 简述绿色建筑评价的内容有哪些。

第2章课后习题答案.docx

实训工作单

<table>
<tr><td>班级</td><td></td><td>姓名</td><td></td><td>日期</td><td></td></tr>
<tr><td colspan="2">教学项目</td><td colspan="4">绿色建筑设计与评价</td></tr>
<tr><td>任务</td><td colspan="2">绿色建筑设计与评价</td><td>要求</td><td colspan="2">对绿色设计案例进行分析</td></tr>
<tr><td colspan="3">相关知识</td><td colspan="3">绿色建筑设计与评价基本知识</td></tr>
<tr><td colspan="3">其他要求</td><td colspan="3"></td></tr>
<tr><td colspan="6">案例分析过程学习的记录</td></tr>
<tr><td>评语</td><td colspan="3"></td><td>指导老师</td><td></td></tr>
</table>

第3章　绿色建筑运营管理

【教学目标】

- 熟悉绿色建筑运营管理的概念。
- 掌握建筑节能检测和诊断的方法。
- 掌握既有建筑节能改造措施。

【教学要求】

本章要点	掌握层次	相关知识点
绿色建筑及设备运营管理的概念	1. 熟悉住宅建筑运营管理 2. 熟悉公共建筑运营管理	1. 住宅建筑运营管理指标 2. 公共建筑运营管理指标
建筑节能检测和诊断	1. 掌握什么是建筑节能 2. 熟悉建筑节能检测内容 3. 掌握建筑节能诊断的目的 4. 熟悉大型公共建筑节能诊断的内容	1. 建筑的节能检测 2. 建筑的节能诊断
既有建筑节能	1. 掌握既有建筑的概念 2. 掌握既有建筑节能的概念 3. 熟悉既有建筑能耗的特点 4. 熟悉既有建筑节能改造	1. 既有建筑的基本概念 2. 既有建筑的节能改造 3. 既有建筑的节能改造方案

【案例导入】

中新天津生态城绿色建筑特点：①充分考虑了住宅、办公、商场、旅馆、医院、学校、超高层等不同类型建筑，以及采用特殊设备和技术建筑的运营管理特殊要求，采用“通用条款+特殊条款”的形式，使导则的适用范围更加广泛；②设置“约束性指标”，采用量化指标对绿色建筑的运营管理提出要求，“约束性指标”与新国标以及生态城设计、评价标准的相关约束性指标相联系，保持标准体系的一致；③设置“行为引导”，引导运营管理单位和业主的节能环保行为，有利于生态城形成绿色环保的城市氛围；④明确提出对运营管理单位培训的要求，有利于培养绿色建筑运营管理的相关人才，提升生态城绿色建筑运营管理单位的整体水平。

(资料来源：王建廷，肖忠钰.《中新天津生态城绿色建筑评价标准》分析[J].城市，2008(11)：85-90.)

【问题导入】

思考绿色建筑运营管理的必要性。

3.1 建筑及设备运营管理的概念

在《绿色建筑评价标准》中，将运营管理分为两大类：住宅建筑运营管理及公共建筑运营管理。绿色建筑运营管理是指在保证物业服务质量基本要求的前提下，依据“四节一环保”的理念，在绿色建筑运营阶段，采取先进、适用的管理手段和技术措施，最大限度地节约资源和保护环境，以确保绿色建筑预期目标实现的各项管理活动的总称。

3.1.1 住宅建筑运营管理

在建设期，住宅建筑运营的成本主要包括建安费用和设计费用等一次性消耗成本。在使用期，住宅建筑运营的成本主要为清洁、维护、修理、置换(改造、更换、废弃处理等)以及使用期间的持续性的资源消耗。住宅建筑的运营管理评价包含控制项四项，一般项七项，优选项一项。

绿色建筑运营管理.mp4

1. 控制项

(1) 制定并实施节能、节水、节材与绿化管理制度。

节能管理制度是指业主和物业共同制定节能管理模式，对能源进行分户分类计量与收费，建立物业内部节能机制，使节能指标达到设计要求。

节水管理制度是指按照阶梯用水原则制定节水方案，采用分类分户计量与收费方式，建立物业内部节水机制，使节水指标达到设计要求。节材管理机制是指建立建筑、设备、系统的维护制度，减少因维修带来的材料消耗；建立物业耗材管理制度，选用绿色材料。绿化管理制度包括对绿化用水进行计量，建立完善的节水系统，规范化肥、农药、杀虫剂等化学用品的使用，避免对土壤和地下水环境的破坏。

(2) 住宅水、电、燃气分户分类计量收费。

按照使用途经和水平衡测试标准要求设置水表，对公共用水进行分类计量用水量，以便于收费及统计各种用途的用水量和漏水量，水平衡测试是对用水单位进行科学管理行之有效的方法，也是进一步做好城市节约用水工作的基础。它的意义在于，通过水平衡测试能够全面了解用水单位管网状况及各部位(单元)用水现状，画出水平衡图，依据测定的水量数据，找出水量平衡关系和合理用水限度，采取相应的措施，挖掘用水潜力，达到加强用水管理、提高合理用水水平的目的。

(3) 制定垃圾管理制度，对垃圾物流进行有效控制，对废品进行分类收集，防止垃圾无序倾倒和二次污染。合理规划垃圾收集、运输等整体系统，考虑垃圾处理设施布置的合理性。

(4) 设置密闭的垃圾容器，并有严格的保洁措施，生活垃圾袋装化存放。合理设置垃圾容器，其数量、外观及标志应符合垃圾分类收集的要求。

2. 一般项

(1) 垃圾存放处设冲洗及排水设施，存放垃圾要及时清运，避免污染，避免发臭。重视垃圾处理站的景观及环境卫生，用以提升生活环境的品质。

(2) 智能化系统正确定位，采用的技术先进、实用、可靠，达到安全防范子系统、管理与设备监控系统与信息网络系统的基本配置要求。根据小区的实际情况，按《居住区智能化系统配置与技术要求》(CJ/T174—2003)中列举的基本配置进行安全防范子系统、管理与设备监控子系统和信息网络子系统的建设。

(3) 采用无公害病虫害防治技术，规范杀虫剂、除草剂、化肥、农药等化学药品的使用，有效避免对土壤和地下水环境的损害。采用无公害病虫防治技术，规范化肥、农药、杀虫剂等化学用品的使用，加强预报工作，严格控制病虫害的传播和蔓延。加强病虫害防治工作的科学性，坚持生物防治和化学防治相结合，提高生物防治和无公害防治比例，保护有益生物，防止环境污染。

(4) 栽种和移植的树木成活率大于90%，植物生长状态良好。对植物、植被定期修剪，及时做好植物病虫害预测、防治，保证树木无爆发性病虫害，保持植被完整，保证植物有较高的存活率，要求老树成活率达98%以上，新栽树木存活率达85%以上，及时处理危、枯、死树木。

(5) 物业管理部门通过ISO 14001环境管理体系认证(ISO 14001环境管理体系认证是组织规划、实施、检查、评审环境管理运作体系的规范性标准)。ISO 14000包括一系列的环境管理标准，如环境管理体系、环境审核、环境标志、生命周期分析等内容，旨在指导各类组织采取正确的环境行为。ISO 14001为环境管理体系——规范及使用指南，是组织规划、实施、检查、评审环境管理运作系统的规范性标准。该系统包括：环境方针、规划、实施与运行、检查与纠正措施、管理评审。物业通过ISO 14001环境管理体系认证，可以提高环境管理水平，达到节约能源，降低消耗，减少环保支出，降低成本的目的，可以减少由于污染事故或违反法律、法规所造成的环境风险。

(6) 垃圾分类收集率达90%以上(垃圾分类收集率即实行垃圾分类收集的住户占总住户数的比例)。旨在从源头杜绝垃圾带来的环境污染，通过对垃圾的分类清运和回收，使之分类处理或重新变为资源。垃圾分类收集有利于资源回收利用，同时便于处理有毒有害物质，减少垃圾的处理量，减少运输和处理成本。

(7) 设备、管道的设置便于维修、改造和更换。建筑中设备、管道的使用寿命普遍短于建筑结构的寿命，因此设备、管道的布置应方便将来的维修、改造和更换，同时要求减少对住户的干扰。

3. 优选项

对可生物降解垃圾进行单独收集或设置可生物降解垃圾处理房。垃圾收集或垃圾处理

房设有风道或排风、冲洗和排水设施，处理过程无二次污染。

3.1.2 公共建筑运营管理

不同于绿色住宅建筑运营管理中偏重于绿化和垃圾的管理，绿色公共建筑的运营管理主要偏重于设备系统、自控系统的实际运营，偏重于效果判断，同时物业管理的绩效与其管理措施挂钩。

公共建筑运营管理评价包含控制项三项，一般项七项，优选项一项。

1. 控制项

(1) 制定并实施节能节水等资源节约与绿化管理制度(与住宅建筑类似)。

(2) 建筑运行过程中无不达标废气、废水排放。选用先进的设备和材料或其他方式以及采用合理技术措施和排放管理手段，杜绝建筑运营过程中废水和废气的不达标排放。

(3) 分类收集和处理废弃物，且收集处理过程中无二次污染。依据建筑垃圾的来源、可否回用性质、处理难易程度等进行分类，将其有效回收处理，重新用于生产。

2. 一般项

(1) 建筑施工兼顾土方平衡和施工道路等设施在运营过程中的使用。对施工场地所在地区的土壤环境进行调查，并做出规划使用对策，施工所需占用地优先考虑荒地、劣地、废地。挖出的土方应避免流失，做到土方量挖填平衡；考虑施工道路和建成后运营道路系统的延续性，考虑临时设施在运营中的应用，避免重复建设。

(2) 物业管理部门通过 ISO 14001 环境管理体系认证。

(3) 设备管道的设置便于维修、改造和更换。

(4) 空调通风系统按照国家标准《空调通风系统清洗规范》(GB 19210—2003)规定设置。

定期检查和清洗，保证空调送风风质符合《室内空气中细菌总数卫生标准》(GB/T 17093—1997)的规定。

(5) 建筑智能化系统定位合理，信息网络系统功能完善。根据国家标准《智能建筑设计标准》(GB 50314—2015)和《智能建筑工程质量验收规范》(GB 50339—2013)的规定，设置合理、完善的建筑信息网络系统，能顺利支持通信和计算机网络的应用，且运行安全可靠。

(6) 建筑通风、空调、照明等设备自动监控系统技术合理，系统高效运营。对空调系统进行有效监测，对关键数据进行实时采集并记录，进行可靠的自动化控制。对照明系统，除了在保证照明质量的前提下尽量减小照明功率密度设计外，还应采用感应式或延时的自动控制方式实现建筑的照明节能运行。

(7) 办公商场类建筑耗电、冷热量等实行计量收费。

3. 优选项

优选项即具有并实施资源管理机制，管理业绩与节约资源，提高经济效益。物业在保证建筑的使用性能要求、投诉率低于规定值的前提下，实现经济效益与建筑用能系统的耗能状况、水和办公用品等的使用情况直接挂钩。

【案例 3-1】

就建筑运营对建筑企业而言，运营管理是企业增效益、上水平的关键。加强建筑运营管理，说到底，就是加强项目成本的管理和控制，是企业运营的着眼点；其落脚点就是研究如何更大地增加企业效益，为企业赚钱，并以此为基础，推动企业具有更大的竞争能力。建筑运营的主要内容包括以下几点。

(1) 人工费的控制。在各种生产要素中，人是最活跃的因素。

(2) 材料费的控制。工程材料的费用通常占工程造价的三分之二。主要通过量、价两方面对材料用量进行控制。

(3) 机械费的控制。在施工过程中，应合理安排施工生产，加强机械租用计划管理，杜绝因安排不当引起的设备闲置，提高现场设备利用率。

结合本小节内容，说说住宅建筑与公共建筑在运营管理上侧重点有什么异同？

3.2 建筑节能检测和诊断

音频 1.建筑节能检测的内容.mp3

3.2.1 建筑节能检测

建筑节能是指在建筑物的规划、设计、新建(改建、扩建)、改造和使用运营过程中，执行节能标准，采用节能型的技术、工艺、设备、材料和产品，提高保温隔热性能和采暖供热、空调制冷制热系统效率，加强建筑物用能系统的运行管理，利用可再生能源，在保证室内热环境质量的前提下，减少空调、照明、热水供应的能耗，即在保证提高建筑舒适性的前提下，合理使用能源，不断提高能源利用效率。简单来说，建筑节能就是要“减少建筑物能量的散失”和“提高建筑物能源的利用率”。

建筑节能检测是用标准的方法、适合的仪器设备和环境条件，由专业技术人员对节能建筑中使用的原材料、设备、设施和建筑物等进行运行性能及与其有关的技术操作。

节能检测中应当考虑到现场测试的特殊性，选择适当的测试方法及测试仪表。一般来说，在满足工程测试需要的精度的基础上，测试仪器的使用以及测试方法的选择需要遵循以下原则。

(1) 在确保测试结果准确的前提下，测试方法应尽量简便、易操作。

(2) 测试仪器一般应为使用起来较方便的便携式仪器，且不会对测试现场内的设备和管路等造成损坏。

建筑节能检测内容如下所列。

1. 现场检测

(1) 空调系统节能检测(风口风量、总风量及水流量等)。

(2) 采暖供热系统节能检测(水力平衡度、室外管网热输送效率、补水率、采暖能耗等)。

(3) 围护结构系统节能检测(传热系数、保温层构造、保温板与基层黏结强度、后置锚固件抗拉强度)。

(4) 配电与照明系统检测(照度及照明功率密度)。

(5) 建筑物隔热性能检测。

(6) 室内舒适度检测。

(7) 建筑物围护结构热工缺陷检测。

(8) 房间气密性检测。

(9) 公共场所检测(室内温度、湿度、大气压、新风量、采光系数和噪声等)。

2. 实验室检测

(1) 建筑节能材料(保温材料包括燃烧A级、B级、C级，保温板、保温浆料、黏结剂、增强网、界面剂、抹面抗裂砂浆等)产品和性能参数检测。

(2) 材料燃烧性能检测，包括单体燃烧(SBI)、不燃性、材料热值、氧指数测试、可燃性试验。

(3) 风机盘管热工性能和噪声检测。

(4) 采暖散热器热工性能检测。

(5) 电线、电缆电阻和外径检测。

(6) 中空玻璃检测(露点、遮阳系数、可见光透射比等)。

(7) 建筑外窗抗风压、水密性、气密性及保温性能(传热系数)检测。

(8) 同条件保温样块热阻检测。

(9) 建筑幕墙抗风压、水密性、气密性、平面内变形及保温性能检测。

3. 建筑节能检查

(1) 墙体、屋面、门窗、地面保温隔热工程质量评价。

(2) 墙体、屋面、门窗、地面热工性能及室内热环境评价。

(3) 居住建筑和公共建筑节能评价。

建筑节能几个诊断方法.pdf

3.2.2 建筑节能诊断

建筑节能诊断的目的是为了找出建筑在用能过程中存在的问题，发掘节能潜力，指导业主针对存在的问题对建筑能耗进行优化控制和改造，提高建筑用能效率，更大限度地降低建筑运行能耗。我们以大型公共建筑为例介绍建筑节能诊断。

音频2.建筑节能诊断的目的.mp3

节能诊断的主要工作和诊断报告内容要求节能诊断的对象包括建筑物的能源消耗状况、围护结构热工性能、暖通空调系统、照明系统以及其他用电设备等所有与建筑物用能环节的测试和分析，为顺利开展节能诊断，被诊断对象应提供的资料如表3-1所示。

表3-1 节能诊断需要提供的资料

类别		内容要求
建筑物的基本情况	建筑专业施工图	建筑设计总说明(建筑物功能、建筑面积、空调面积、高度、层数、人数/机构设置、建筑年代、地理位置等)；建筑平面图、立面图、剖面图；建筑门窗表、建筑外墙及屋面做法
	电气专业施工图	电气专业总说明(含光源说明、照明设备清单及负荷计算)；供配电系统图；各层照明系统及平面图
	暖通专业施工图	采暖、通风、空调系统设计总说明(含主要设备表及技术参数)；采暖、通风及空调系统原理图；空调系统的锅炉房、热力站、冷站、泵房、冷却塔等的平、剖面图；各层采暖、通风及空调系统平、剖面图
	给排水专业施工图	给排水设计总说明(含主要设备表及技术参数)，给水系统原理图，给水系统平、剖面图
运行管理数据	施工记录	以上各项实施改造的详细记录、图纸
	运行记录	各类耗电设备的运行策略及详细运行记录；燃气、燃油、燃煤设备的运行策略及详细运行记录
	计量记录	各类能源和资源的年消耗量、月消耗量及其收费标准；分项、分区的电、水、冷/热、燃气、燃油耗量计量记录

1) 在大型公共建筑中进行节能诊断的基本方法和步骤

(1) 建筑基本信息及各项能耗情况调查。其内容主要包括对建筑的基本信息如建筑面积、建筑层数、使用功能、结构形式等的调查统计，以及历史年度能耗情况摸底调查。建筑节能诊断及进一步的改造工作最重要的基础就是建筑能耗数据。

(2) 统计所有耗能设备的详细信息和特征参数。对各个耗能设备进行监测分析，首先要统计设备信息，如用能方式、数量、额定参数、运行时间及规律等。

(3) 识别出各系统中的关键能耗变量。根据不同系统的特点，识别出与能耗相关的系统关键性变量，在系统管路中找到该变量具体的测试点位置并作标记，为下一步测试工作做好准备。

(4) 对耗能区域内的系统变量进行有针对性的检测分析。对需直接检测的系统变量进行实时检测，获取系统参数的初级数据。根据数据计算出系统各部件能效比、各设备效率。

(5) 根据检测结果和其他相关资料综合分析建筑节能潜力。针对系统节能诊断结果采用数学解析估算或计算机仿真模拟等方法，对建筑的节能潜力进行预测分析，评估建筑的节能价值。

(6) 提交节能运行管理方案和节能改造方案。根据节能诊断和节能潜力分析结果，找出系统运行管理中存在的问题并提出相关建议，制定技术上可行同时经济上合理的节能改造方案，并进行详细的费效比和投资回收分析。

在建筑运营过程中，需要进行节能诊断的系统主要有三种，分别是外围护结构热工性能诊断、空调系统节能诊断、照明系统节能诊断。这三类系统为建筑运营过程中的“能耗大户”。

2) 外围护结构热工性能诊断

外围护结构各部位建筑材料性能的测试较为复杂。对于寒冷地区建筑外围护结构的节能应重点关注建筑本身的保温性能，而对于夏热冬暖地区应重点关注建筑本身的隔热与通风性能，夏热冬冷地区则二者均需兼顾。不同气候区、不同类型(透明、非透明)的外围护结构节能诊断的检测项如表 3-2 所示。

表 3-2 外围护结构节能诊断的检测项

气候区	外围护结构节能诊断项目
寒冷地区	1.外围护结构主体部位传热系数 2.外围护结构冷热桥部位内表面温度及热工缺陷 3.遮阳设施的综合遮阳系数 4.外窗及透明幕墙的气密性
夏热冬冷地区	1.外围护结构主体部位传热系数 2.外围护结构热桥部位内表面温度及热工缺陷 3.遮阳设施的综合遮阳系数 4.玻璃(或其他透明材料)的可见光透射比、传热系数、遮阳系数 5.外窗及透明幕墙的气密性
夏热冬暖地区	1.遮阳设施的综合遮阳系数 2.外围护结构主体部位传热系数 3.玻璃(或其他透明材料)的可见光透射比、传热系数、遮阳系数

外围护结构主体部位传热系数和冷热桥可以采用热流计、热箱法和红外热像仪法等来判定。

3) 空调系统节能诊断

(1) 冷热源的节能诊断。

冷热源是空调系统中装机容量最大的设备，业主对其维护保养也较为重视，基本能够做到运行状况的连续记录。冷热源的节能诊断应根据系统设置情况，对下列项目进行选择性节能诊断：冷热源正常运行时间；冷热源设备所使用燃料或工质是否满足环保要求；空调系统实际供回水温差；典型工况下冷热源机组的性能参数；冷热源系统能效比；冷热源系统的运行情况和运行效率。

(2) 冷热水输配系统节能诊断。

输配系统会将冷热量及新风配送到各个建筑空间。实际上水泵运行时间普遍较长，而且通常定速运行，不能根据负荷变化进行调节，再加上普遍存在的水泵选型偏大，导致泵常年在低效点工作，因此在大楼总能耗中所占的比重甚至要和冷机相当。据调查，目前建筑系统中水泵的电力消耗(包括集中供热系统水泵电耗)，占我国城镇建筑运行电耗的 10%以上。输配系统节能是目前既有建筑中潜力最大的环节，对此应给予足够的重视。对输配系统的节能诊断应根据系统设置情况，选择性地对下列项目进行节能诊断：管道保温性能；冷冻水流量分配及水系统回水温度一致性；水系统供回水温差；水系统压力分布；水泵效率。

冷热水输配管道的安装是空调系统施工中一个非常重要的分项工程。管道保温不良，可直接影响空调使用达不到设计要求，造成冷热量的大量散失。很多建筑物均存在某些区域冬季不暖或夏季不凉的现象，实际原因多数是由于工程竣工后空调水系统从未做过水力平衡，导致部分末端水量不足，为满足这部分末端的换热要求，只能增大总水量，使其他末端的水量变大，导致总水量变大。

4) 照明系统及室内设备节能诊断

照明和室内设备是建筑中用电占比很大的系统。对照明系统和室内设备的节能诊断应根据系统设置情况，有针对性地对下列项目进行节能诊断：照明灯具效率和照度值；照明功率密度值；公共区域照明控制；有效利用自然光；照明节电率检验；室内设备耗能合理。

公共区域照明是能耗浪费的重点区域，照度标准值参照《建筑照明设计标准》中规定的值。照明系统的节能诊断还应检查有效利用自然光情况。房间的采光系数或采光窗地面积比应符合《建筑采光设计标准》的规定。有条件时，应随室外天然光的变化自动调节人工照明照度；应利用各种导光和反光装置将天然光引入室内进行照明；应利用太阳能作为照明能源。公共建筑采光标准如表3-3所示。

表3-3 公共建筑采光标准

建筑性质	房间名称	采光系数最低值 C_{min}/%	窗地面积比(A_c/A_d)
办公建筑	办公室	2	2
	视频工作室	3	1
	设计室、绘图室	1/5	1/5
	复印室	1/3.5	1/7
学校建筑	教室、实验室	2	1/5
	阶梯教室、报告厅	2	1/5
	走道、楼梯间	0.5	1/12
图书馆	阅览室、开架书库	2	1
	目录室	0.5	1/5
	书库	1/7	1/12
旅馆	客房	1	2
	大堂	1/7	1/5
	会议厅	1/7	1/5
医院	药房	2	—
	检查室	1	1
	候诊室	2	2
	病房	1/5	—
	诊疗室	1/7	1/7
	治疗室	1/5	1/5

【案例 3-2】

随着发展低碳经济和建设节约型社会日益受到重视，节能减排也成为社会关注的热点。而建筑节能又是节能减排的一个重要领域，发展空间巨大。由于我国建筑节能起步较晚，许多建筑没有节能措施或措施不到位，而要对其进行节能诊断，为建筑的节能改造提供依据。对于新建建筑往往由于施工或设计得不合理，会产生一些围护结构的热工缺陷，导致保温隔热效果不能达到要求，此时也需要对其进行节能诊断，以判断节能效果是否满足要求，指导建筑的设计和施工等。目前，建筑节能检测和诊断有许多方法，红外热像技术是其中最简单直接方便的。红外热像技术在建筑节能诊断中的应用，是结合现场检测的温度分布情况，对测量建筑进行热工分析和节能诊断，判断其节能效果。

结合本节内容，思考建筑节能检测方法的选择需要遵循哪些原则？

3.3　既有建筑的节能

3.3.1　既有建筑的基本概念

几类既有建筑的节能改造.pdf

1. 既有建筑的分类

既有建筑是相对于新建建筑而言的，根据存在形态的不同，可以分为三类。

音频 3.既有建筑的分类.mp3

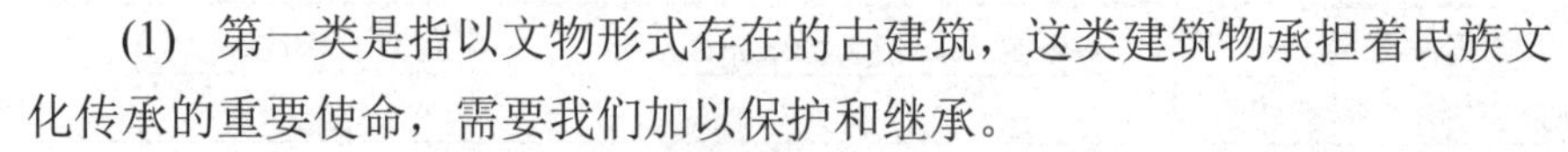

(1)　第一类是指以文物形式存在的古建筑，这类建筑物承担着民族文化传承的重要使命，需要我们加以保护和继承。

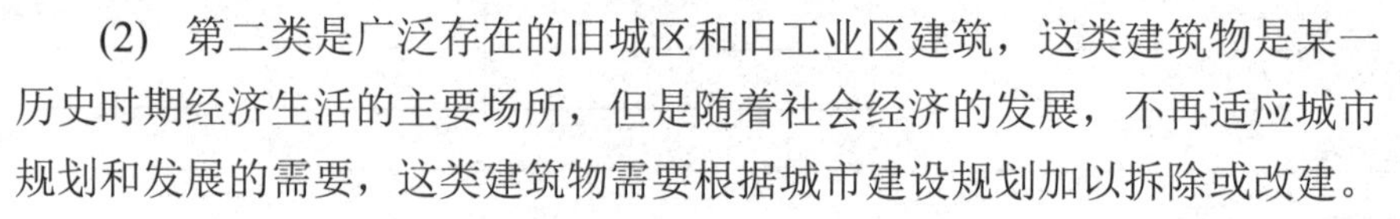

(2)　第二类是广泛存在的旧城区和旧工业区建筑，这类建筑物是某一历史时期经济生活的主要场所，但是随着社会经济的发展，不再适应城市规划和发展的需要，这类建筑物需要根据城市建设规划加以拆除或改建。

(3)　第三类是指大量使用期内的一般建筑，这类建筑物普遍存在一些使用上的不舒适性或者功能上的不完善性，普遍存在安全性、耐久性、适应性等问题。

2. 我国既有建筑能耗的特点

1)　建筑能耗增长快

1996 年，我国建筑年消耗 3.35 亿吨标准煤，占能源消费总量的 24%，目前，建筑能耗占比已近全社会总能耗的 30%。随着人民生活质量的改善，建筑能耗占全社会总能耗的比例还将增长。1997 年以来，我国每年发电量按 5%～8%的速度增长，而工业用电量每年减少 17.9%。由于空调耗电量大(2007 年全国新增房间空调器装机容量 1600 万千瓦)、使用时间集中，很多城市的空调负荷占到尖峰负荷的 50%以上，上海、北京、济南、武汉、广州等城市普遍存在夏季缺电现象。

2)　用能系统能效低

我国建筑能耗约 50%～60%是采暖和空调能耗。北方城市集中供热的热源主要以燃煤锅

炉为主。锅炉的单台热功率普遍较小，热效率低，污染严重；供热输管网保温隔热性能差；整个供热系统的综合效率仅为 35%～55%，远低于先进国家 80%左右的水平，而且整个系统的电耗、水耗也极高。公共建筑中央空调系统综合效率也很低，例如，上海市九幢办公楼统计的平均耗能量为每年 1800MJ/m^2，与日本同气候条件的办公楼节能标准每年 1256MJ/m^2 相比，超过 43.3%；针对北京市十余家大型商场运行能耗的测试表明，这些商场的全年空调系统运行能耗平均大约是每家每年 700MJ/m^2，而日本同类建筑的平均全年能耗大约是每家每年 500MJ/m^2，与其相比高出将近 40%。

3) 围护结构的保温隔热性能差

我国的建筑围护结构保温隔热性能普遍较差，外墙和窗户的传热系数为同纬度发达国家的 3～4 倍。以多层住宅为例，外墙的单位面积能耗是发达国家的 4～5 倍，屋顶的单位面积能耗是发达国家 2.5～5.5 倍，外窗的单位面积能耗是 1.5～2.2 倍，门窗空气渗透率则是发达国家的 3～6 倍。

由此可见，既有建筑节能改造的重点是提高围护结构的保温性能和采暖空调系统以及其他用能系统的用能效率。

3.3.2 既有建筑节能改造的基本概念

既有建筑节能改造，是指对不符合民用建筑节能强制性标准的既有建筑的围护结构、供热系统、采暖制冷系统、照明设备和热水供应设施等实施节能改造。既有建筑节能改造的目的是在保证舒适度的前提下降低建筑物的使用能耗。既有建筑节能改造的对象是不符合民用建筑节能强制性标准的建筑。既有建筑节能改造的范围包括建筑物围护结构节能改造、采暖空调系统节能改造以及照明设备节能改造等。

3.3.3 既有建筑节能改造方案

在建立改造方案评价的指标体系时，必须充分重视改造效果方面的指标。另外还应对节能改造产生的各种隐性效益进行综合考虑，这样建立的指标体系对选取能真正体现节能改造所产生的社会效益的方案有很大帮助。评价指标体系应该遵循一般性原则，即系统性、科学性、可操作性、可对比性与可持续性、定量指标与定性指标相结合的原则。技术指标不能仅仅将其作为技术问题来看待，还要考虑其所产生的经济效益和社会效益，而且对节能改造项目来说，更要考虑实施的技术对能耗和环境的影响。节约改造方案评价列项表如表 3-4 所示。节能改造方案评价依据各个系统的能耗特点进行区分。

建筑的节能检测及诊断信息可作为节能改造方案的评价依据，与规定的节能量进行对比得出各项节能改造的实际指标，然后依据各项节能指标在系统中的权重对改造工程进行综合评价。

表 3-4　节能改造方案评价列项表(以外围结构改造方案评价为例)

目　标	一级综合指标项目	二级分类指标项目
改造方案的综合评价	改造增量成本指标	构造改造成本
		采暖系统改造成本
		改造后使用成本
		拆除成本
	经济效益指标	节煤量
		省电量
		维修费用节约量
		环境效益
	外结构能耗指标	外墙能耗
		屋面能耗
		门窗能耗
		交通空间能耗
	施工指标	工期
		技术
		组织管理能力

【案例 3-3】

既有建筑节能改造，是指对不符合民用建筑节能强制性标准的既有建筑的围护结构、供热系统、采暖制冷系统、照明设备和热水供应设施等实施节能改造。既有建筑节能改造的内容主要有外墙、屋面、外门窗等围护结构的保温改造；采暖系统分户供热计量及分室温度调控的改造；热源(锅炉房或热力站)和供热管网的节能改造；涉及建筑物修缮、功能改善和采用可再生能源等的综合节能改造。结合本章内容，试分析既有建筑节能改造等。

清华大学超低能耗示范楼是北京市科委科研项目，作为 2008 年奥运建筑的“前期示范工程”，旨在通过其体现奥运建筑的“高科技”“绿色”“人性化”。同时，超低能耗示范楼是国家“十五”科技攻关项目“绿色建筑关键技术研究”的技术集成平台，用于展示和实验各种低能耗、生态化、人性化的建筑形式及先进的技术产品，并在此基础上陆续开展建筑技术科学领域的基础与应用性研究，示范并推广系列的节能、生态、智能技术在公共建筑和住宅上的应用。

结合本章内容，分析我国既有建筑节能改造评价指标有哪些？

本章小结

绿色建筑运营管理是指在保证物业服务质量基本要求的前提下，依据“四节一环保”的理念，在绿色建筑运营阶段，采取先进、适用的管理手段和技术措施，最大限度地节约资源和保护环境，确保绿色建筑预期目标实现的各项管理活动的总称。

建筑节能是指在建筑物的规划、设计、新建(改建、扩建)、改造和使用运营过程中，执行节能标准，采用节能型的技术、工艺、设备、材料和产品，提高保温隔热性能和采暖供热、空调制冷制热系统效率，加强建筑物用能系统的运行管理，利用可再生能源，在保证室内热环境质量的前提下，减少空调、照明、热水供应的能耗，即在保证提高建筑舒适性的条件下，合理使用能源，不断提高能源利用效率。简单来说，建筑节能就是要“减少建筑物能量的散失”和“提高建筑物能源的利用率”。

既有建筑节能改造的范围包括建筑物围护结构节能改造、采暖空调系统节能改造以及照明设备节能改造等。

实训练习

一、填空题

1. 运营管理分为两大类：________和________。

2. 在建设期，住宅建筑运营的成本主要包括________和________等一次性消耗成本。

3. 简单来说，建筑节能就是要“减少________”和“提高________”。

4. 外围护结构主体部位传热系数和冷热桥可以采用________、________和________等来判定。

5. 既有建筑节能改造的范围包括________、________以及________等。

二、单选题

1. 目前我国的绿色建筑理念已经从单纯的节能走向“四节、一环保、一运营”，其中“四节、一环保、一运营”是指(　　)。

　　A. 节能、节材、节水、节地、环境保护和运营管理
　　B. 节能、节油、节水、节地、环境保护和运营管理
　　C. 节电、节材、节水、节地、环境保护和运营管理
　　D. 节能、节材、节水、节源、环境保护和运营管理

2. 绿色建筑运营管理的内容不包括(　　)。

　　A. 节地管理　　B. 资源管理　　C. 改造利用　　D. 环境管理体系

3. 节能建筑就是(　　)。

　　A. 低能耗建筑　B. 绿色建筑　　C. 智能建筑　　D. 低碳建筑

4. (　　)侧重于从减少温室气体排放的角度，强调采取一切可能的技术、方法和行为来减缓全球气候变暖的趋势。

A. 低能耗建筑　B. 绿色建筑　C. 智能建筑　D. 低碳建筑

5. 下面属于绿色建筑运营管理中节能与节水管理的内容有(　　)。

A. 实现分户分类计量与收费　B. 建立建筑和设备系统的维护制度

C. 生活垃圾分类收集　D. 建立绿化管理制度

三、简答题

1. 简述绿色建筑运营管理的必要性。

2. 简述绿色住宅建筑运营管理与绿色公共建筑的运营管理的区别。

3. 建筑节能检测的内容有哪些?

第 3 章课后习题答案.docx

实训工作单

<table>
<tr><td>班级</td><td></td><td>姓名</td><td></td><td>日期</td><td></td></tr>
<tr><td colspan="2">教学项目</td><td colspan="4">绿色施工运营管理</td></tr>
<tr><td>任务</td><td colspan="3">建筑节能方法、检测、诊断</td><td>要求</td><td>掌握绿色施工及节能方法</td></tr>
<tr><td colspan="3">相关知识</td><td colspan="3">绿色建筑运营管理及维护</td></tr>
<tr><td colspan="3">其他要求</td><td colspan="3"></td></tr>
<tr><td colspan="6">案例分析过程学习的记录</td></tr>
<tr><td>评语</td><td colspan="3"></td><td>指导老师</td><td></td></tr>
</table>

第4章 绿色施工

【教学目标】

- 掌握什么是绿色施工及其原则。
- 了解绿色施工发展概况及前景。

【教学要求】

本章要点	掌握层次	相关知识点
绿色施工概述	1.熟悉绿色施工的定义 2.了解绿色施工与传统施工的关系 3.熟悉绿色施工与绿色建筑、绿色建造的关系 4.掌握绿色施工的实质 5.熟悉绿色施工在建筑全生命周期的地位 6.掌握绿色施工的原则	1.绿色施工方法及措施 2.绿色施工注意事项
绿色施工发展状况	1.掌握绿色施工开展背景 2.了解绿色施工发展的总体状况	绿色施工发展前景及展望

【案例导入】

中新天津生态城绿色建筑的特点如下。

(1) 充分考虑了住宅、办公、商场、旅馆、医院、学校、超高层等不同类型建筑，以及采用特殊设备和技术建筑的运营管理特殊要求，采用“通用条款+特殊条款”的形式，使导则的适用范围更加广泛。

(2) 设置“约束性指标”，采用量化指标对绿色建筑的运营管理提出要求，“约束性指标”与新国标以及生态城设计、评价标准的相关约束性指标相联系，保持标准体系的一致。

(3) 设置“行为引导”，引导运营管理单位和业主的节能环保行为，有利于生态城形成绿色环保的城市氛围。

(4) 明确提出对运营管理单位培训的要求，有利于培养绿色建筑运营管理的相关人才，提升生态城绿色建筑运营管理单位的整体水平。

(资料来源：王建廷，肖忠钰.《中新天津生态城绿色建筑评价标准》分析[J]. 城市，2008(11)：85-90.)

【问题导入】

结合本章节的学习，思考绿色施工与传统施工有何差异？

4.1 绿色施工概述

绿色建筑.pdf

4.1.1 绿色施工的定义

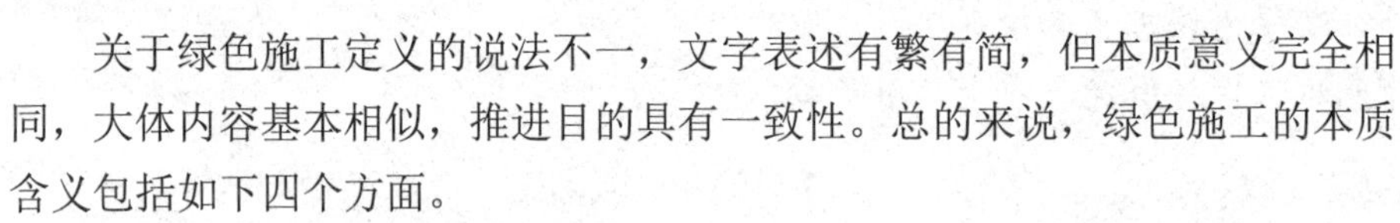

绿色施工.mp4

关于绿色施工定义的说法不一，文字表述有繁有简，但本质意义完全相同，大体内容基本相似，推进目的具有一致性。总的来说，绿色施工的本质含义包括如下四个方面。

(1) 以可持续发展为指导思想，这是因为绿色施工就是基于人类对可持续发展日益重视而被提出的。

(2) 以绿色施工技术的应用和绿色施工管理的升华为实现途径。

(3) 以尽可能减少资源的消耗和保护环境的工程建设生产活动为追求目的，体现了绿色施工的本质特征与核心内容。

(4) 以使施工作业对周边环境的影响最小、污染物及废弃物的排放量最小、对资源的保护及利用最有效为强调重点，这是实现工程施工行业更新换代的更优方式。

4.1.2 绿色施工与传统施工的关系

绿色建筑.pdf

绿色施工是一种基于绿色理念下，通过管理和科技进步的方式，对施工过程中的设备、工程做法以及用材提出一种优化建议，以便全面实现建筑产品的可靠性、安全性、经济性和实用性。

1. 相同点

(1) 具有相同的对象——工程项目。

(2) 有相同的资源配置——人、材料、设备等。

(3) 实现的方法相同——工程管理与工程技术方法。

2. 不同点

(1) 施工目标不同。相对于传统施工，绿色施工增加了以资源环境保护为核心内容的绿色项目目标。

(2) 二者的节约是不同的。主要表现为：动机不同——绿色施工强调在保护环境的大前提下节约资源，而不是单纯追求经济利益最大化；角度不同——绿色施工以“四节”(节能、节材、节水、节电)为目标，而不是从降低成本的角度出发；效果不同——绿色施工往往会造成成本的增加，在施工过程中需要对国家稀缺资源有一定的保障措施，需要投入一定的绿色施工措施费；效益不同——虽然绿色施工会增加成本，但从长远来看，会使得社会和环境效益改善。

4.1.3 绿色施工与绿色建筑、绿色建造的关系

音频 1.绿色施工和绿色建筑的关系.mp3

1. 与绿色建筑的关系

1) 相同点

(1) 目标一致——追求绿色，致力于减少资源消耗和环境保护。

(2) 绿色施工的深入推进，对于绿色建筑的生成具有积极促进作用。

2) 不同点

(1) 时间跨度不同。

绿色建筑涵盖了建筑物的整个生命周期，重点在运行阶段，而绿色施工主要针对建筑的生成阶段。

(2) 实现途径不同。

绿色建筑主要依赖绿色建设设计及建筑运行维护的绿色化水平来实现，而绿色施工的实现主要通过对施工过程进行绿色施工策划并加以严格实施。

(3) 对象不同。

绿色建筑强调的是绿色要求，针对建筑产品，而绿色施工强调的是施工过程的绿色特征，针对生产过程，这是二者最本质的区别。

2. 与绿色建造的关系

目前，绿色建造是与绿色施工最容易混淆的概念。二者最大的区别在于是否包括施工图设计阶段，绿色建造是在绿色施工的基础上向前延伸，将施工图设计包括进去的一种施工组织模式。绿色建造代表了绿色施工的演变方向，而我国建筑业设计、施工分离的现状仍会持续很长时间，因此在现阶段做到绿色建造具有深刻积极的现实意义。

【案例 4-1】

昆明长水国际机场航站楼位于两条平行跑道之间的航站区用地南端，主要由前端主楼、前端东西两侧指廊、中央指廊、远端东西 Y 形指廊组成。南北总长度为 855.1 米，东西宽为 1134.8 米，最高点为南侧屋脊顶点，相对标高 72.91 米。航站楼建筑占地 15.91 万平方米，总建筑面积 54.83 万平方米，为地上三层(局部四层)、地下三层构型。配套建设供电、供水、供热、供冷、燃气、污水污物处理设施等。

昆明长水国际机场在建造设计中实践绿色机场的概念，按照中国民航局把昆明长水国

际机场建设成为“节约型、环保型、科技型、人性化的绿色机场示范工程”的要求，根据民用机场的功能特征，按照国家《绿色建筑评价标准》星级要求，在绿色昆明长水国际机场建设中着重突出节约、环保、科技和人性化的基本思路。它主要体现在：航站楼采用自然通风设计，减少空调耗能；优化的自然采光设计，减少照明耗能；采用幕墙节能设计策略和外遮阳设计；采用新型空调系统，减少能源消耗；积极利用可再生能源等。

昆明长水国际机场不仅在文明施工、工期质量方面起到了示范性作用，而且在绿色施工方面进行了有益的尝试，并且取得了明显成效。

结合本小节内容，分析昆明长水国际机场建造采用绿色施工与传统施工相比有何优势?

4.1.4 绿色施工的实质

绿色施工不是一句口号，亦并非一项具体技术，而是对整个施工行业提出的一个革命性的变革。应重视的几个方面如下。

(1) 绿色施工应本着循环经济的“3R 原则”(即减量化、再利用、再循环)把如何保护和高效利用资源放在重要位置。

(2) 绿色施工应将对环境的保护及对污染物排放的控制作为前提条件，以此体现绿色施工的特点。

(3) 绿色施工必须坚持以人为本，注重对劳动强度的减轻和作业条件的改善。

(4) 绿色施工必须时刻注重对技术进步的追求，把建筑工业化、信息化的推进作为重要支撑，这二者对于资源的节约、环境的保护及工人作业条件的改善具有重要作用。

4.1.5 绿色施工在建筑全生命周期的地位

绿色施工作为建筑全寿命周期中的一个重要阶段，是实现建筑领域资源节约和节能减排的关键环节。绿色施工是指工程建设中，在保证质量、安全等基本要求的前提下，通过科学管理和技术进步，最大限度地节约资源并减少对环境负面影响的施工活动，实现节能、节地、节水、节材和环境保护(“四节一环保”)。实施绿色施工，应依据因地制宜的原则，贯彻执行国家、行业和地方相关的技术经济政策。绿色施工应是可持续发展理念在工程施工中全面应用的体现，绿色施工不仅仅是指在工程施工中实施封闭施工，没有尘土飞扬，没有噪声扰民，在工地四周栽花、种草，实施定时洒水等这些内容，它涉及可持续发展的各个方面，如生态与环境保护、资源与能源利用、社会与经济的发展等内容。

4.1.6 绿色施工的原则

音频 2.绿色施工的措施.mp3

1. 减少场地干扰、尊重基地环境

工程施工过程会严重扰乱场地环境这一点对于未开发区域的新建项目尤其严重。场地平整、石方开挖、施工降水、永久及临时设施建造、场地废物处理等均会对

场地上现存的动植物资源、地形地貌、地下水位等造成影响；还会对场地内现存的文物、地方特色资源等带来破坏，影响当地文脉的继承和发扬。因此，施工中减少场地干扰，尊重基地环境，对于保护生态环境、维持地方文脉具有重要的意义。业主、设计单位和承包商应当识别场地内现有的自然、文化和构筑物特征，并通过合理的设计、施工和管理工作将这些特征保存下来。可持续的场地设计对于减少这种干扰具有重要的作用。就工程施工而言，承包商应结合业主、设计单位对承包商使用场地的要求，制订满足这些要求的、能尽量减少场地干扰的场地使用计划。计划应明确以下几方面。

(1) 场地内哪些区域将被保护、哪些植物将被保护，并明确保护的方法。

(2) 怎样在满足施工、设计和经济方面要求的前提下，尽量减少清理和扰动的区域面积，尽量减少临时设施以及施工用管线。

(3) 场地内哪些区域将被用作仓储和临时设施建设，如何合理安排承包商、分包商及各工种对施工场地的使用，减少材料和设备的搬动。

(4) 各工种为了运送、安装和其他目的对场地通道的要求。

(5) 废物将如何处理和消除，如有废物回填或填埋，应分析其对场地生态、环境的影响。

(6) 怎样将场地与公众隔离。

2. 施工结合气候

承包商在选择施工方法、施工机械，安排施工顺序，布置施工场地时应结合气候特征。这可以减少因为气候原因而带来施工措施的增加，资源和能源用量的增加，有效地降低施工成本；可以减少因为额外措施对施工现场及环境的干扰；可以有利于施工现场环境质量品质的改善和工程质量的提高。

(1) 承包商应尽可能合理地安排施工顺序，使会受到不利气候影响的施工工序能够在不利气候来临时完成。如在雨季来临之前，完成土方工程、基础工程的施工，以减少地下水位上升对施工的影响，减少其他需要增加的额外雨季施工保证措施。

(2) 安排好全场性排水、防洪，减少对现场及周边环境的影响。

(3) 施工场地布置应结合气候，符合劳动保护、安全、防火的要求。产生有害气体和污染环境的加工场(如沥青熬制、石灰熟化)及易燃的设施(如木工棚、易燃物品仓库)应布置在下风向，且不危害当地居民；起重设施的布置应考虑风、雷电的影响。

3. 绿色施工要求节水节电环保

建设项目通常要使用大量的材料、能源和水资源。减少资源的消耗，节约能源，提高效益，保护水资源是可持续发展的基本观点。施工中资源(能源)的节约主要有以下几方面内容。

(1) 水资源的节约利用。通过监测水资源的使用，安装小流量的设备和器具，在可能的场所采用重新利用雨水或施工废水等措施来减少施工期间的用水量，降低用水费用。

(2) 节约电能。通过监测利用率，安装节能灯具和设备，利用声光传感器控制照明灯具，采用节电型施工机械，合理安排施工时间等降低用电量，节约电能。

(3) 减少材料的损耗。通过更仔细的采购，合理的现场保管，减少材料的搬运次数，减少包装，完善操作工艺，增加摊销材料的周转次数等降低材料在使用中的消耗，提高材料的使用效率。

(4) 可回收资源的利用。可回收资源的利用是节约资源的主要手段，也是当前应加强的方向。它主要体现在两个方面，一是使用可再生的或含有可再生成分的产品和材料，这有助于将可回收部分从废弃物中分离出来，同时减少了原始材料的使用，即减少了自然资源的消耗；二是加大资源和材料的回收利用和循环利用，如在施工现场建立废物回收系统，再回收或重复利用在拆除时得到的材料，这可减少施工中材料的消耗量或通过销售来增加企业的收入，也可降低企业运输或填埋垃圾的费用。

4. 减少环境污染，提高环境品质

工程施工中产生的大量灰尘、噪声、有毒有害气体、废弃物等会对环境品质造成严重的影响，也将有损于现场工作人员、使用者以及公众的健康。因此，减少环境污染，提高环境品质也是绿色施工的基本原则。提高与施工有关的室内外空气品质是该原则最主要的内容。施工过程中，扰动建筑材料和系统所产生的灰尘，从材料、产品、施工设备或施工过程中散发出来的挥发性有机化合物或微粒均会引起室内外空气品质问题。这些挥发性有机化合物或微粒会对健康构成潜在的威胁和损害，需要特殊的安全防护。这些威胁和损伤有些是长期的，甚至是致命的。而且在建造过程中，这些空气污染物也可能渗入邻近的建筑物，并在施工结束后继续留在建筑物内。这种影响尤其对那些需要在房屋使用者在场的情况下进行施工的改建项目更需引起重视。常用的提高施工场地空气品质的绿色施工技术措施可能有以下几方面。

(1) 制定有关室内外空气品质的施工管理计划。

(2) 使用低挥发性的材料或产品。

(3) 安装局部临时排风或局部净化和过滤设备。

(4) 进行必要的绿化，经常洒水清扫，防止建筑垃圾堆积在建筑物内，贮存好可能造成污染的材料。

(5) 采用更安全、健康的建筑机械或生产方式，如用商品混凝土代替现场混凝土搅拌，可大幅度地消除粉尘污染。

(6) 合理安排施工顺序，尽量减少一些建筑材料，如地毯、顶棚饰面等对污染物的吸收。

(7) 对于施工时仍在使用的建筑物而言，应将有毒的工作安排在非工作时间进行，并与通风措施相结合，在进行有毒工作时以及工作完成以后，用室外新鲜空气对现场通风。

(8) 对于施工时仍在使用的建筑物而言，将施工区域保持负压或升高使用区域的气压会有助于防止空气污染物污染使用区域。

5. 实施科学管理，保证施工质量

实施绿色施工，必须实施科学管理，提高企业管理水平，使企业从被动地适应转变为主动地响应，使企业实施绿色施工制度化、规范化。这将充分发挥绿色施工对促进可持续发展的作用，增加绿色施工的经济性效果，增加承包商采用绿色施工的积极性。企业通过ISO 14001认证是提高企业管理水平，实施科学管理的有效途径。

实施绿色施工，尽可能减少场地干扰，提高资源和材料利用效率，增加材料的回收利用等，采用这些手段的前提是要确保工程质量。好的工程质量，可延长项目寿命，降低项目日常运行费用，有利于使用者的健康和安全，促进社会经济发展，本身就是可持续发展的体现。

【案例4-2】

绿色施工中的“绿色”包含着节约、回收利用和循环利用的含义，是更深层次的人与自然的和谐、经济发展与环境保护的和谐。因此，实质上绿色施工已经不仅是着眼于“环境保护”，还包括“和谐发展”的深层次意义。其中“环境保护”方面，要求从工程项目的施工组织设计、施工技术、装备一直到竣工，整个系统过程都必须注重与环境的关系，都必须注重对环境的保护。“和谐发展”则包含生态和谐与人际和谐两个方面，要求注重项目的可持续性发展，注重人与自然间的生态和谐，注重人与人之间的人际和谐，如项目内部人际和谐与项目外部人际和谐。总的来说，绿色施工包括使用绿色技术，节约原料，节约能源，控制污染，以人为本，在遵循自然资源重复利用的前提下，满足生态系统周而复始的闭路循环发展需要。

结合本小节内容，思考绿色施工过程中应遵循哪些原则？

4.2 绿色施工发展状况

4.2.1 绿色施工发展背景

1. 国际背景

1993年，Charles J.Kibert教授提出了可持续施工的概念，随着可持续施工概念的逐步成熟，许多国家开始实施可持续施工或绿色施工，极大地促进了绿色施工的发展与推广。在发达国家，关于绿色施工的理念已深入到了建筑行业的每个部门和机构，同时也吸引了管理层和消费者的关注。国际标准委员会也就绿色施工编制了很多标准，许多发达国家也开发了自己的绿色施工评价体系，但这些标准与评价不能够完全符合我国的实际国情。

2. 国内背景

绿色建筑的探索与推广引发了我国对绿色施工的关注。伴随着人们对绿色建筑及生态型住宅的渴望与追求，我国针对绿色建筑领域也开发了相应的政策和标准，且建筑节能和

绿色建筑的推广使得在施工行业推行绿色化逐渐受到关注。正是基于这样的背景，绿色施工在我国被提出并得到持续发展。

1) 人口

我国的城市用地规模迅速拓展；城市人口快速增长；土地资源日趋稀缺。

人口膨胀：1850 年全球人口为 10 亿；1930 年为 20 亿(80 年增长 10 亿)；1975 年为 40 亿(45 年增长 20 亿)；1999 年为 60 亿(24 年增长 20 亿)；2011 年为 70 亿(11 年增长 10 亿)。预计 2041 年全球人口将增长到 100 亿，我国人口将增长到 15 亿左右。

2) 水资源

水资源紧缺：我国有近 2/3 地区缺水，人均水量 2200 吨，世界排名 122 名左右，名列倒数，城市水质不达标。

全国每年新建面积约为 18×10^8 平方米，如果其中有 10%需进行基坑工程降水，则全国每年地下水抽排量达 $(380\sim1200)\times10^8$ 立方米，相当于十多个北京市的年总用水量的流失，地下降水施工的无序状态使我国水资源紧张更为加剧。

地下空间的开发和利用使基坑面积和深度越来越大，工程降水引起的地下水排量已引起人们的关注。北方某超大城市每年可开采水资源 23.12 亿立方米，而工程降水占可采资源的 38.9%，造成巨额经济损失。

3) 其他资源

据不完全统计，我国目前煤炭、石油、天然气人均剩余可采储量分别只有世界平均水平的 58.60%、7.69%和 7.05%，而且现阶段我国正处在工业化、城镇化快速发展的重要时期，能源资源的消耗强度大，能源需求不断增长，能源供需矛盾愈显突出。

石油进口耗量占总量的 55.2%，进口量达到 60%，意味着我国经济命脉掌握在别人手中。

天然气：按照目前的供销量，可维持 60 年。南海干冰(天然气)储量可供 1000 年左右使用，但开采相当困难。

原子铀：我国储量很少，主要靠进口。

4) 环境污染

大量的物种灭绝，大量的病害随着食物的水源、空气的变坏而增加。非理智、非科学的发展，没有科学发展观的理念去追求第一、最大、最快的破坏环境资源的发展是非常可怕的。

土木工程大量地占用土地，侵害良田沃土，已到了非常可怕的地步，摊煎饼式的城市扩张，城市间采用双向八车道、十车道高速公路的修建方式，大量油耗的运输已产生了很大的灾难。

4.2.2 绿色施工发展的总体状况

绿色施工并不是很新的思维途径，当前承包商以及建设单位为了满足政府及大众对文明施工、环境保护及减少噪音的要求，为了提高企业自身形象，一般会采取一定的技术来降低施工噪声、减少施工扰民、减少环境污染等，尤其在政府要求严格、大众环保意识较强的城市进行施工时，这些措施一般会比较有效。但是，大多数承包商在采取这些绿色施工技术时是比较被动、消极的，对绿色施工的理解也是比较单一的，还不能够积极主动地运用适当的技术、科学的管理方法以系统的思维模式、规范的操作方式从事绿色施工。事实上，绿色施工并不仅仅是指在工程施工中实施封闭施工，没有尘土飞扬，没有噪声扰民，在工地四周栽花、种草，实施定时洒水等这些内容，还包括了其他大量的内容。它同绿色设计一样，涉及可持续发展的各个方面，如生态与环境保护、资源与能源利用、社会与经济发展等。真正的绿色施工应当是将“绿色方式”作为一个整体运用到施工中去，将整个施工过程作为一个微观系统进行科学的绿色施工组织设计。绿色施工技术除了文明施工、封闭施工、减少噪声扰民、减少环境污染、清洁运输等外，还包括减少场地干扰、尊重基地环境，结合气候施工，节约水、电、材料等资源或能源，环保健康的施工工艺，减少填埋废弃物的数量，以及实施科学管理、保证施工质量等。

但当前大多数承包商只注重按承包合同、施工图纸、技术要求、项目计划及项目预算完成项目的各项目标，没有运用现有的成熟技术和高新技术充分考虑施工的可持续发展，绿色施工技术并未随着新技术、新管理方法的运用而得到充分的应用。施工企业更没有把绿色施工能力作为企业的竞争力，未能充分运用科学的管理方法采取切实可行的行动做到保护环境、节约能源。

分析以上原因，首先是认识不足。绿色施工意识的加强与整个环保意识的加强是相辅相成的过程。当前，包括政策的制定者、业主、设计者、施工人员及公众在内，人们对环保的认识仍然普遍不够，公众环保意识水平仍有待提高。其次是经济原因。一些绿色施工技术的运用需要增加建筑成本，如无声振捣、现代化隔离防护、节水节电等对可持续发展有利的新型设备(施)；有利于可持续的建造方法的研究与确定等。承包商的目标是以最低的成本及最高的利润在规定的时间内建成项目。除非几乎不增加费用，或者已经在合同中加以规定，或者承包商在经济上有好处，否则承包商不会去实施与环境或可持续发展有关的工作。当然还有重要的一点是制度措施原因。由于缺乏系统科学的制度体系，使得政府在宏观调控上缺乏有效的手段，各个部门的标准不同，给执行带来了较大的困难。当前我国建设行政管理部门对施工现场的管理主要体现在对文明施工的管理，对于绿色施工还没有系统科学的制度来予以促进、评价及管理；缺乏必要的评价体系，不能以确定的标准来衡量企业的绿色施工水平。另一方面，当前我国建筑市场仍存在一些不良现象，各项改革仍在进行，如，不规范的建筑工程承包制度导致一些施工企业不是通过改进施工技术和施工方法来提高竞争力；建筑工程盲目压价严重，导致承包商的利润较低，经济承受能力有限。

音频 3.我国绿色施工的发展方向.mp3

推进绿色施工是一项宏大的系统工程，必须对传统施工管理思路和方法进行全面系统的变革，才能得以实现。

1. 推进绿色施工是对传统施工的一次系统变革

(1) 绿色施工应以绿色为主题，以节约资源能源、减少环境污染为主要内容，更具体地讲就是贯彻节能、节水、节地、节材和保护环境的原则，即“四节一保”的原则。

(2) 绿色施工应以信息化、智能化为支撑，以企业管理的精细化、科学化为契机，以国家发展战略和行业发展政策为行为导向。

(3) 绿色施工以对现行管理规范、标准规程、政策法规、市场环境、行业面临的主要问题、行业发展现状及趋势等信息进行广泛收集和全面了解，这是推进绿色施工的客观前提。

(4) 绿色施工要把寻找非绿色施工的影响要素作为突破口，这是推进绿色施工的逻辑起点。对不同的施工过程、施工工艺、作业流程、施工影响、危险源等不同对象进行划分，进而确定相应的绿色施工方案和措施。

(5) 绿色施工作为一个系统工程，必然要求推进者具有全方位和全系统的推进思路，应贯穿施工生产的全过程和企业管理的各个层面，要求系统的各个分部、各个环节和各种机制之间实现协同，充分发挥整体效能。

(6) 绿色施工应以施工技术为主要研究对象，对施工的各阶段、各环节、主要工艺、作业流程、技术装备等各方面进行系统的研究，从施工过程出发，找出施工生产的规律，把握施工生产的特征，分析施工生产的要素，改革分部分项工程施工工艺，研究施工生产的特殊性，才能有效地推进绿色施工。

2. 企业推进绿色施工，技术研究必须先行

作为企业，欲推进绿色施工必须从“我”做起，首先推动绿色施工技术研究。

1) 研究范围

(1) 企业技术工作体系、工作机制和工作流程的绿色审视和再造。

(2) 绿色施工管理体系的研究和施工图设计、施工组织设计和施工方案的绿色优化。

(3) 建材、施工工艺、建筑和施工设备等的绿色性能研究。

2) 研究思路

结合建筑这种特殊产品的生产工艺特点，对其全过程和施工组织的非绿色因素进行全面、系统的科学分析(这种分析应以大量的调查统计数据为基础、以广泛的座谈交流资料为参考、以价值工程理论为分析的思想方法)，找出对绿色目标起显著影响的主要变量或关键环节，进而找到可改进的空间和领域，并确定技术工作的突破方向、对象和环节。

3) 研究方法

绿色施工技术研究应对传统施工技术进行消化、改良，进而进行管理和技术的集成，最终回归绿色施工实践、指导绿色施工。

4) 参考与借鉴

绿色施工研究要以业已成熟的环境工程技术(污染防治和回收再利用技术)、新材料技

术、新能源技术、运筹管理科学、信息管理技术、智能控制技术和国内外同行及相关行业的积极成果和有益经验作为参考和借鉴。

3. 企业推进绿色施工，管理体制必须创新

1) 目标牵引

首先要研究制定《绿色施工评价指标体系》；其次要加强环境影响评价和资源、能源耗用效率评价；再次要加强绿色施工管理的要素分析；最后应及时修正企业管理目标体系，形成对绿色的目标牵引。

2) 转换机制

建立健全绿色指标体系，进行有效的目标分解并落实到具体的职能部门，同时将其纳入现有的绩效考核指标体系，形成面向绿色的激励约束机制。

3) 强化教育

更新理念、提高认识，营造绿色施工氛围，提升项目管理水平。

4) 加强过程控制的手段

(1) 组织计划阶段：加强施工组织设计深化设计、具体施工方案的优化审核和组织安排。

(2) 实施执行阶段：加强指挥和引导、强化监督和控制。

(3) 事后评价阶段：赏罚分明、令行禁止，强化激励约束、明确指导方向。

(4) 优化现场管理：优化现场管理的重点是对场内交通、生产生活设施、物料堆放、用水排污、用电及保护等方案进行优化。

【案例 4-3】

2018 年，国家和行业协会已经出台了大量的关于绿色建筑和绿色施工的政策法规和奖励办法，旨在强化节约型社会建设，使高消耗能源的建筑行业，通过转变观念、转型升级，创建人与自然、人与环境的和谐共处，通过管理提升和技术改进，不断地提高企业竞争能力，促进企业的可持续发展。

新的生产方式为绿色施工提供了物质基础。工业化生产、装配式施工不仅大大缩短了工期，减少了劳动消耗，同时，对于传统施工中产生的大量废弃物，通过二次利用可以循环使用，减少了环境污染，提高了资源的利用率，大大降低了建造成本。

国家和地方建设主管部门为了促进建筑行业转型升级，淘汰落后的生产技术，强制推行新技术、新材料和新工艺，对改变落后产能起到了积极的促进作用。近几年来，经批准的国家和地方级工法、专利技术如雨后春笋，企业可以无偿或有偿使用这些工法、专利，用以提高施工质量，减少浪费，这些新技术、新材料等的推广使用就是绿色施工的物质基础。没有技术改进和新材料的使用，绿色施工就只能是局部改变，零敲碎打，无法从根本上降低由于考虑施工对环境的污染而增加的费用，一个不经济的绿色施工之路就不可能走得太远。

结合本章内容，思考我国近年来开展绿色施工的同时，面对的环境、社会背景有哪些？

本章小结

绿色施工是指在工程建设过程中，在保证安全、健康、质量的前提下，通过科学管理和技术进步，最大限度地减少对环境的负面影响、节约资源(节材、节水、节能、节地)和提高效率的施工活动。从总体上来说，绿色施工是对国内当前倡导的文明施工、节约型工地等活动的继承与发展。熟悉绿色施工在当前环境下的迫切性，积极推动绿色施工的进行，掌握绿色的基本原则。

实训练习

一、填空题

1. 绿色施工 3R 原则：_______、_______、_______。
2. 绿色施工原则：_______________________；____________________；_______________________；______________________；__________________________。
3. 绿色施工必须坚持以人为本，注重对___________的减轻和___________的改善。
4. 承包商在选择施工方法和施工机械、安排施工顺序、布置施工场地时应结合________。

二、选择题

1. 下列选项中，直接决定绿色施工整体目标实现的是(　　)。
   A. 绿色施工组织　　B. 施工现场管理
   C. 工程目标控制　　D. 施工方案设计
2. 以下不属于绿色施工宗旨的是(　　)。
   A. 保护环境、控制污染，使污染最小化
   B. 节约资源、降低成本
   C. 在提升质量的基础上放弃成本最小化
   D. 构建健康安全舒适的活动空间
3. 下列属于节材技术的是(　　)。
   A. 采用高性能混凝土　　B. 带热回收装景的送排风系统
   C. 太阳能光热系统　　D. 通风采光设计
4. 合理堆放现场材料，减少二次搬运目的是为了(　　)。
   A. 节约能源　　B. 节约土地　　C. 节约材料　　D. 保护环境
5. 在《绿色施工导则》中，环境保护不包括(　　)。
   A. 扬尘污染控制　　B. 有害气体控制
   C. 噪声污染控制　　D. 气候灾害控制

二、简答题

1. 施工中资源(能源)的节约主要有哪几方面内容?
2. 怎样减少环境污染，提高环境品质?

第4章课后习题答案.docx

实训工作单

<table>
<tr><td>班级</td><td></td><td>姓名</td><td></td><td>日期</td><td></td></tr>
<tr><td>教学项目</td><td colspan="5">绿色施工</td></tr>
<tr><td>任务</td><td colspan="2">了解绿色施工概述和发展状况</td><td>方法</td><td colspan="2">查阅书籍、资料</td></tr>
<tr><td colspan="2">相关知识</td><td colspan="4">绿色施工基础知识</td></tr>
<tr><td colspan="2">其他要求</td><td colspan="4"></td></tr>
<tr><td colspan="6">查阅资料学习的记录</td></tr>
<tr><td>评语</td><td colspan="2"></td><td>指导老师</td><td colspan="2"></td></tr>
</table>

第 5 章　绿色施工管理

【教学目标】

- 了解绿色施工的组织管理。
- 熟悉绿色施工的规划管理。
- 掌握绿色施工的实施管理。
- 掌握绿色施工的人员健康与安全管理。

【教学要求】

本章要点	掌握层次	相关知识点
组织管理	1. 组织管理体系 2. 责任分配	绿色施工组织管理
规划管理	1. 编制绿色施工方案 2. 绿色施工方案的内容	绿色施工规划管理
实施管理	1. 施工准备 2. 施工现场管理 3. 工程验收管理	绿色施工实施管理
人员健康与安全管理	1. 人员的职业健康 2. 应急准备工作的应用	绿色施工人员健康与安全管理

【案例导入】

1. 工程概况

某培训中心是一个集教学、办公、会议于一体的多功能综合性建筑，由 A、B、C、D、E 五个区域组成，总建筑面积为 36659m²，教学区 A、B、C 栋为四层，报告厅 D 为二层，宿舍区 E 栋为七层，均设地下一层，框架结构，工程于 2015 年 9 月 1 日开工，2017 年 12 月 1 日竣工。

2. 绿色施工组织方案及实施

(1) 绿色施工组织体系。

为了贯彻国家建筑业的产业政策，加强绿色施工的指示和管理，成立以总公司、分公司、项目部为基础的三级绿色施工领导小组。

(2) 绿色施工措施。

为了更好地实现绿色施工，施工单位通过科学管理和技术进步，努力做到最大限度地节约资源与减少对环境负面的影响，实现“四节一环保”，即节地、节能、节水、节材和环境保护。

(资料来源：戚永双. 某培训中心大楼绿色施工实例[J]. 中国新技术新产品，2013(14)：75-76.)

【问题导入】

结合本章内容，分析绿色施工管理的重要性。

绿色施工管理.mp4

5.1 组织管理

组织管理就是通过建立绿色施工管理体系，制定系统完整的管理制度和绿色施工整体目标，将绿色施工的工作内容具体分解到管理体系结构中去，使参建各方在项目负责人的组织协调下各司其职地参与到绿色施工过程中，使绿色施工规范化、标准化。由于项目经理是绿色施工第一负责人，所以承担着绿色施工的组织实施和设计目标实现的责任。施工过程中，项目经理的工作内容就成了组织管理的核心。

5.1.1 管理体系

音频 1.绿色施工的管理体系.mp3

施工项目的绿色施工管理体系是建立在传统的项目组织结构基础上的，融入了绿色施工目标，并且能够制定相应责任和管理目标以保证绿色施工开展的管理体系。目前的工程项目管理体系依照项目的规模大小、建设特点以及各个项目自身特殊要求的不同，分为职能组织结构、线性组织结构、矩阵组织结构等。绿色施工思想的提出，不是要采用一种全新的组织结构形式，而是将其当作建设项目中的一个待实施的目标来实现。这个绿色施工目标与工程进度目标、成本目标以及质量目标一样，都是项目整体目标的一部分。

为了实现绿色施工这一目标，可建立如图 5-1 所示的具有绿色施工管理职能的项目组织结构。

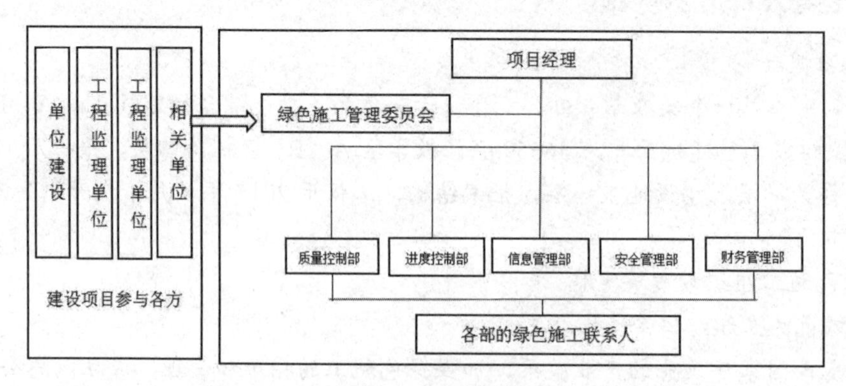

图 5-1 绿色施工管理组织体系

可采取以下措施建立完善的绿色施工管理体系。

(1) 设立两级绿色施工管理机构，总体负责项目绿色施工实施管理。一级机构为建设单位组织协调的管理机构(绿色施工管理委员会)，其成员包括建设单位、设计单位、监理单位、施工单位。二级机构为施工单位建立的管理实施机构(绿色施工管理小组)，其主要成员为施工单位各职能部门和相关协助单位。建设单位和施工单位的项目经理应分别作为两级机构绿色施工管理的第一责任人。

(2) 各级机构中任命分项绿色施工管理责任人，负责该机构所涉及的与绿色施工相关的分项任务处理和信息沟通。

(3) 以管理责任人为节点，将机构中不同组织层次的人员都组织到绿色施工管理体系中，实现全员、全过程、全方位、全层次管理。

(4) 制定企业绿色施工管理制度。依据《绿色施工导则》(建质〔2007〕223号)和ISO 14001环保认证的要求，结合企业自身特点和工程施工特点，系统地考虑质量、环境、安全和成本之间的相互关系和影响，制定企业绿色施工的管理制度，并建立以项目经理为首的绿色施工绩效考核制度，形成企业自身绿色施工管理标准及实施指南，细化任务分工及职能责任分配。

5.1.2 责任分配

绿色施工管理体系中，应当建立完善的责任分配制度。项目经理为绿色施工第一负责人，由他将绿色施工相关责任划分到各个部门负责人，再由部门负责人将本部门责任划分到部门中的个人，保证绿色施工整体目标和责任分配。具体做法如下。

(1) 管理任务分工。在项目组织设计文件中应当包含绿色施工管理任务分工表(见表5-1)，编制该表前应结合项目特点对项目实施各阶段的与绿色施工有关的质量控制、进度控制、信息管理、安全管理和组织协调管理任务进行分解。管理任务分工表应该能明确表示各项工作任务由哪个工作部门(个人)负责，由哪些工作部门(个人)参与，并在项目进行过程中不断地对其进行调整。

表5-1 绿色施工管理任务分工表

任务＼部门	项目经理部	质量控制部	进度控制部	信息管理部	安全管理部
绿色施工目标规划	决策与检查	参与	执行	参与	参与
与绿色施工有关的信息收集与整理	决策与检查	参与	参与	执行	参与
施工进度中的绿色施工检查	决策与检查	参与	执行	参与	参与
绿色施工质量控制	决策与检查	执行	参与	参与	参与

(2) 管理职能分工。管理职能主要分为四个，即决策、执行、检查和参与。应保证每

项任务都有工作部门或个人负责决策、执行、检查以及参与。

针对由于绿色施工思想的实施而带来的技术上和管理上的新变化和新标准，应该对相关人员进行培训，使其能够胜任新的工作方式。

在责任分配和落实过程中，项目部高层和绿色施工管理委员会应该有专人负责协调和监控，同时可以邀请相关专家作为顾问，保证实施顺利。

5.2 规划管理

绿色施工的几个方面.pdf

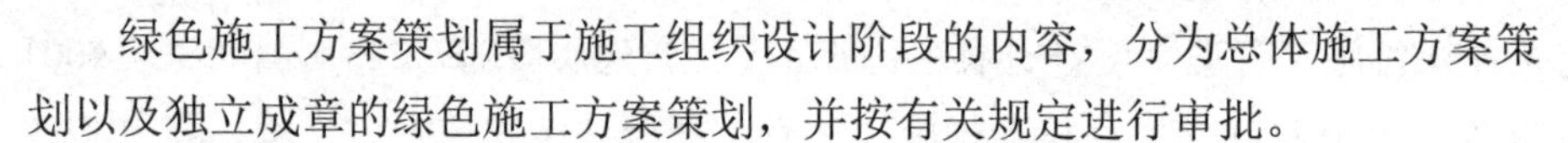

5.2.1 编制绿色施工方案

绿色施工方案策划属于施工组织设计阶段的内容，分为总体施工方案策划以及独立成章的绿色施工方案策划，并按有关规定进行审批。

音频 2.绿色施工方案的内容.mp3

1. 总体施工方案策划

建设项目施工方案设计的优劣直接影响到工程实施的效果，要实现绿色施工的目标，就必须将绿色施工的思想体现到方案设计中去。同时根据建设项目的特点，在进行施工方案设计时，应该考虑到如下因素。

(1) 建设项目场地上若有需拆除的旧建筑物，设计时应考虑到对拆除材料的利用。对于可重复利用的材料，拆除时尽量保持其完整性，在满足结构安全和质量的前提下运用到新建设项目中去。对于不能重复使用的建筑垃圾，也应当尽量在现场进行消化，如利用碎砖石混凝土铺设现场临时道路等。实在不能在现场利用的建筑废料，应当联系好回收和清理部门。

(2) 主体结构的施工方案要结合先进的技术水平和环境效应来优选。对于同一施工过程有若干备选方案的情况，尽量选取环境污染小、资源消耗少的方案。

(3) 积极借鉴工业化的生产模式。把原本在现场进行的施工作业全部或者部分转移到工厂进行，现场只有简单的拼装，这是减小对周围环境干扰最有效的方法，同时也能节约大量材料和资源。

(4) 吸收精益生产的概念，对施工过程和施工现场进行优化设计。

2. 绿色施工方案策划

除了建设项目整体的施工方案策划之外，施工组织设计中的绿色施工方案还应独立成章，由该章节将总体施工方案中与绿色施工有关的部分内容进行细化。

其主要内容如下。

(1) 明确项目所要达到的绿色施工具体目标，并在设计文件中以具体的数值表示，比如材料的节约量、资源的节约量、施工现场噪声降低的分贝数等。

(2) 根据总体施工方案的设计，标示出施工各阶段的绿色施工控制要点。

(3) 列出能够反映绿色施工思想的现场专项管理手段。

5.2.2 绿色施工方案的内容

绿色施工方案具体应包括环境保护措施、节材措施、节水措施、节能措施、节地与施工用地保护五个方面的内容。

1. 环境保护措施

1) 工程施工过程对环境的影响

工程施工过程通常会扰乱场地环境和影响当地文脉的继承和发扬，对生态系统及生活环境等都会造成不同程度的破坏，具体表现在以下各方面。

(1) 对场地的破坏。

场地平整、土方开挖、施工降水、永久及临时设施建造、原材料及场地废弃物的随意堆放等均会对场地上现存的动植物资源、地形地貌、地下水位等造成影响，还会对场地内现存的文物、地方特色资源等带来破坏，甚至导致水土流失、河道淤塞等现象。

(2) 噪声污染。

建筑施工中的噪声是居民反应最强烈的问题。施工现场产生噪声的设备和活动包括：土石方施工阶段有挖掘机、装载机、推土机、运输车辆等；打桩阶段有打桩机、振捣棒、混凝土罐车等；结构施工阶段有地泵、汽车泵、混凝土罐车、振捣棒、支拆模板、搭拆钢管脚手架、模板修理、电锯、外用电梯等；装修及机电设备安装阶段有拆脚手架、石材切割、外用电梯、电锯等。

(3) 建筑施工扬尘污染。

扬尘源包括：泥浆干燥后形成的灰尘，拆迁、土方施工的扬尘，现场搅拌站、裸露场地、易散落和易飞扬的细颗粒散体材料的运输与存放形成的扬尘，建筑垃圾的存放、运输形成的扬尘等。这些扬尘和灰尘在大风和干燥的天气下都会对周围空气环境质量造成极不利的影响。

(4) 泥浆污染。

桩基施工特别是钻孔灌注桩施工以及地下连续墙和基坑开挖施工时都将引起大量的泥浆。泥浆会污染马路、堵塞城市排水管道，干燥后变成扬尘形成二次污染。

(5) 有毒有害气体对空气的污染。

从材料、产品、施工设备或施工过程中散发出来的挥发性有机化合物或微粒均会引起室内外空气品质问题。这些挥发性有机化合物或微粒会对现场工作人员、使用者以及公众的健康构成潜在的威胁和损害。这些威胁和损害有些是长期的，甚至是致命的。而且在建造过程中，这些空气污染物也可能在施工结束后继续留在建筑物内，甚至可能渗入到邻近的建筑物。

(6) 建筑垃圾污染。

工程施工过程中产生的大量建筑垃圾，如泥沙、旧木板、钢筋废料和废弃包装物料等，除了部分用于回填，大量未处理的垃圾露天堆放或简易填埋，占用了大量宝贵的土地并污

染环境。

2) 环境保护措施

施工过程中具体要依靠施工现场管理技术和施工新技术才能达到保护施工环境的目标。

(1) 施工现场管理技术的使用。

管理部门和设计单位对承包商使用场地的要求，应制定减少场地干扰的场地使用计划。

① 对施工现场路面进行硬化处理和进行必要的绿化，并定期洒水、清扫，车辆不带泥土进出现场，可在大门口处设置碎石路和刷车沟；对水泥、白灰、珍珠岩等细颗粉状材料要设封闭式专库存放，在运输时注意遮盖以防止遗洒；对搅拌站进行封闭处理并设置除尘设施。

② 经沉淀的现场施工污水和经隔油池处理后的食堂污水可用于降尘、刷汽车轮胎，提高水资源利用率。

③ 应对建筑垃圾的产生、排放、收集、运输、利用、处置的全过程进行统筹规划，如现场垃圾及渣土要分类存放，加强回收利用，防止建筑垃圾堆积在建筑物内，贮存好可能造成污染的材料等。

④ 现场油漆、油料氧气瓶、乙炔瓶、液化气瓶、外加剂、化学药品等危险有毒有害物品要分隔设库存放。

(2) 施工新技术的采用。

施工新技术的推广应用不仅能够产生较好的经济效益，而且往往能够减少施工过程对环境的污染，创造较好的社会效益和环保效益。

① 逆作法施工高层深基坑。

在地下一层的顶板结构浇筑完成后，其下部的施工就可以在密闭的地下完成，可以减少因开敞式深基坑施工带来的一系列噪声、粉尘等环境影响。

② 静压法施工技术。

在桩基工程中改锤击法施工为静压法施工，推行混凝土灌注桩等低噪声施工方法。

③ 采用高性能混凝土技术。

可以减少混凝土浇筑量，并且因其不受施工影响、无须振捣而自动填实的高流态特性，从而避免了振捣时产生的噪声。

④ 选用大模板、滑模等新型模板。

可以避免组合钢模板安装、拆除过程中产生的噪声。最近几年许多应用大模板的工程，在拆模后其光滑的表面直接刮腻子，从而省去抹灰这一道工序，既可以缩短工期，提高经济效益，又可以节约原材料，减少对资源的消耗。

⑤ 采用钢筋的机械连接技术。

如冷挤压连接、锥螺纹连接以及直螺纹连接技术，避免焊接产生的光污染。

⑥ 采用新型防水卷材施工技术。

这主要有热施工工艺、冷施工工艺和机械固定工艺，采用热施工工艺中的热熔法、热风焊接法，可以减少旧工艺熬制沥青过程中产生的有毒气体，采用冷施工工艺和机械固定工艺则可以从根本上避免。

⑦ 采用新型建筑材料。

如塑料金属复合管，抗腐蚀能力较强，同时又能减少水质被污染；乳胶漆装饰材料，具有防霉、抑制霉菌的作用。

⑧ 采用新型墙体安装技术。

改变传统的砖墙结构、现场施工的方法，不仅在材料上可以取代浪费土地资源的黏土砖，在施工中也可以减少施工用水以及搅拌机、吊车等机械的工作量。

⑨ 采用透水性和排水性路面施工技术。

达到雨天交通安全，减少噪声的目的，并能将雨水导入地下，调节土壤湿度，利于植物生长。

2. 节材措施

1) 节约资源

合理使用建设用地范围内的原有建筑，使之用于建设施工临时用房；将拆下的可回收利用的材料如钢材、木材等进行分类处理、回收与再利用；临时设施充分利用旧料；选用装配方便、可循环利用的材料；采用工厂定型生产的成品，减少现场加工量与废料；减少建筑垃圾，充分利用废弃物。

2) 减少材料的损耗

通过更仔细的采购、合理的现场保管，减少材料的搬运次数，减少包装，完善操作工艺，增加摊销材料的周转次数等降低材料在使用中的消耗，提高材料的使用效率。

3) 可回收资源的利用

可回收资源的利用是节约资源的主要手段，也是当前应加强的方向。它主要体现在两个方面，一是使用可再生的或含有可再生成分的产品和材料，这有助于将可回收部分从废弃物中分离出来，同时减少了原始材料的使用，即减少了自然资源的消耗；二是加大资源和材料的回收利用、循环利用，如在施工现场建立废物回收系统，再回收或重复利用在拆除时得到的材料，这可减少施工中材料的消耗量或通过销售来增加企业的收入，也可降低企业运输或填埋垃圾的费用。

4) 建筑垃圾的减量化

要实现绿色施工，建筑垃圾的减量化是关键因素之一。建筑垃圾的堆放或填埋均占用大量的土地，对环境产生了很大的影响，包括建筑垃圾的淋滤液渗入土层和含水层，污染土壤环境及地下水。有机物质发生分解产生有害气体，污染空气；同时忽视对建筑垃圾的再利用，会浪费大量的资源。

建筑垃圾的再利用是指建筑垃圾作为一种特殊材料直接使用。在此之前，应该研究这种特殊材料的物理化学性质，保证使用这种材料的建筑部件满足强度、耐久性和环境的要求。建筑垃圾的再利用已经有了一些实例，如利用建筑垃圾加固地基。

3. 节水措施

据调查，建筑施工用水的消耗约占整个建筑成本的 0.2%，因此在施工过程对水资源进行管理有助于减少浪费，提高效益，节约开支。所以，根据工程所在地的水资源状况，现场可不同程度地采取以下措施。

(1) 通过监测水资源的使用，安装小流量的设备和器具，减少施工期间的用水量。

(2) 采用节水型器具，摒弃浪费用水陋习，降低用水量。

(3) 有效利用基础施工阶段的地下水。

(4) 在可能的场所通过利用雨水来减少施工期间的用水量。

(5) 在许可情况下，设置废水重复、回收利用系统。

4. 节能措施

在我国经济取得了高速发展的今天，常常忽略了建设不影响同代和后代人需求的可持续性原则，其中违背可持续性发展的建设项目就不少见。分析研究表明，大约有一半的温室气体来自于建筑材料的生产和运输、建筑物的建造以及运行过程中的能源消耗。建设活动还加剧了其他问题，如酸雨增加、臭氧层破坏等。

可采取的节能措施有以下几条。

(1) 通过改善能源使用结构，有效控制施工过程中的能耗；根据具体情况合理组织施工，积极推广节能新技术、新工艺；制定合理施工能耗指标，提高施工能源利用率；确保施工设备满负荷运转，减少无用功，禁止不合格的临时设施用电。

(2) 工艺和设备选型时，优先采用技术成熟且能源消耗低的工艺设备。对设备进行定期维护、保养，保证设备运转正常，降低能源消耗，不要因设备的不正常运转造成能源浪费。在施工机械及工地办公室的电器等闲置时关掉电源。

(3) 合理安排施工工序，根据施工总进度计划，在施工进度允许的前提下，尽可能减少夜间施工。地下室照明均使用节能灯。所有电焊机均配备空载短路装置，以降低功耗。夜间施工完成后，关闭现场施工区域内大部分照明，仅留四周道路照明供夜间巡视。

5. 节地与施工用地保护措施

1) 合理布设临时道路

临时工程主要包括临时道路、临时建筑物与便桥等，临时道路按使用性质，分干线和引入线两类。贯通全线或区段的为干线，由干线或既有公路通往重点工程或临时辅助设施的为引入线。为工程施工需要而修建的临时道路，应根据运量、距离、工期、地形、当地材料以及使用的车辆类型等情况来决定，以达到能及时有效地供应施工人员生活资料和全线工程所需机具材料等为目的，同时充分考虑节约用地尤其是保护耕地这个不容忽视的因素。

2) 合理布置临时房屋

施工用临时房屋主要包括办公、居住、厂房、库房、文化福利等各种生产和生活房屋。这些临时房屋的特点是施工时间要求快，使用时间短，工程结束后即行拆除。因此，除应

尽量利用附近已有房屋和提前修建正式房屋外，还须尽量使用帐篷和拆装式房屋，既省工省料降低造价，又利于将来土地复垦。当临时房屋可以移交当地管理部门或地方使用时，则可适当提高标准，并在建筑和结构形式上，尽可能考虑使用的要求。

3)　合理设计取弃土方案

填基取土、挖坑弃土以及其他取弃土工程是建筑工程施工过程中最基本的工作，取土、弃土都占有土地，如何取弃土，从哪儿取土，往哪儿弃土，处理好了既可以节省工程量，又可以少占耕地，通过采取以下方案，可达到节地与保护用地目标。

(1)　集中取弃土。

当填方数量较大时，宜设置取土场集中取土，买土不征地。同样，可选择低凹荒地、废弃的坑塘等处集中弃土。

(2)　合理调配取弃土。

在建筑工程施工时，土石方工程占较大比重，所需劳动力数量也较大；从荒山包上取土，平整后可改造出好耕地。另外，视当地实际情况，取土坑可考虑作为鱼塘来发展渔业。

(3)　弃土填沟造地与弃渣填基综合利用。

尽可能把弃土放在沟壑和荒地上；把小块变成大片；使原来的荒地变成可用耕地。

(4)　在设施的布置中要节约并合理使用土地。

在施工中加大禁止使用黏土红砖的执法力度，逐步淘汰使用多孔红砖；充分利用地上地下空间，如多高层建筑、地铁、地下公路等。

【案例 5-1】

现阶段经济水平的提高，社会建设步伐的加快，建筑工程建设项目逐渐增多，建筑工程施工管理工作越来越受到重视。在新时期，建筑工程施工管理应当追求低成本、高效率与高质量。绿色建筑施工管理作为一种新型的施工管理模式，在节省建筑施工成本、提升工程建设质量等方面发挥重要作用。所谓的绿色施工管理，就是要倡导节能、环保、健康的理念，使整个管理与健康可持续的发展相适应。

倡导绿色施工管理理念创新施工管理是发展的需要，已经成为发展的新趋势。加强绿色施工管理是解决现实问题的需要。当前的建筑施工管理中存在着粗放化管理的问题，因此，必须进行管理上的创新，加强人才队伍的培养。人才的竞争是企业竞争中最为核心的因素，只有不断增强人才竞争实力，才能在市场中立于不败之地。

结合本章的内容，思考绿色施工管理在施工过程中的重要意义。

5.3　实 施 管 理

施工新技术的采用.pdf

5.3.1　施工准备

施工准备是为保证绿色施工生产正常进行而必须事先做好的工作。施工准备工作不仅在工程开工前要做好，而且要贯穿于整个绿色施工过程。施工准备的基本任务就是为绿色

施工项目建立一切必要的施工条件，确保绿色施工生产顺利进行，确保工程质量符合要求和保证绿色施工目标的实现。

施工准备通常包括：技术准备，施工现场准备，物资、机具及劳动力准备以及季节施工准备，此外也有思想工作方面的准备等。

1) 技术准备

(1) 收集技术资料，即调查研究。

收集包括施工场地、地形、地质、水文、气象及现场和附近房屋、交通运输、供水、供电、通信、网络、现场障碍物状况等资料；了解地方资源、材料供应和运输条件等资料，为制定绿色施工方案提供依据。

(2) 熟悉和审查图纸。

这包括学习图纸、了解设计图纸意图，出图时间，掌握设计内容及技术条件；了解设计各项要求，审查建筑物与地下构筑物、管线等之间的关系；踏勘现场，了解总平面与周围的关系；会审图纸，核对土建与安装图纸相互之间有无尺寸错误和矛盾，明确各专业间的配合关系。

(3) 编制施工组织设计或施工方案。

这是做好绿色施工准备的中心环节，编制施工组织设计和施工方案。

(4) 编制施工预算。

按照绿色施工的工程量，绿色施工组织设计拟定的施工方法，建筑工程预算定额和有关费用规定，编制详细的施工预算作为备料、供料、编制各项计划的依据。

(5) 做好现场控制网测量。

设置场区内永久性控制坐标桩和水平基桩，建立工程控制网，作为工程轴线、标高控制依据。

(6) 规划技术组织。

配齐工程项目施工所需各项专业技术人员、管理人员和技术工人；对特殊工种制定培训计划，制定各项岗位责任制和技术、质量、安全、管理网络和质量检验制度；对采用的新结构、新材料、新技术，组织力量进行研制和试验。

(7) 进行技术交底。

向所有参与施工的人员层层地进行全面细致的技术交底，使之熟悉了解施工内容。

2) 现场准备

(1) 施工场地。

按设计总平面确定的范围和粗平标高进行整平；清理不适合于作地基的土壤，拆除或搬迁工程和施工范围内的障碍物。

(2) 修筑临时道路。

主干线宜结合永久性道路布置修筑。施工期间只修筑路基和垫层，铺简易泥结碎石面层；道路布置要考虑一线多用，使用循环回转的余地。

(3) 设防洪排水沟。

现场周围修好临时或永久性防洪沟：山坡地段上部设防洪沟或截水沟，临时运输道路两侧应设排水沟；宜尽可能利用工程永久性排水管网为施工服务，现场内外原有自然排水系统应予疏通。

(4) 修好现场临时供水、供电以及现场通信线路。有条件时应尽可能先修建正式工程线路，为施工服务，节省施工费用。

(5) 修筑临时设施工程。

这分大型临时设施和小型临时设施两类。大型临时设施包括职工单身宿舍、食堂、厨房、浴室、医务室、工地办公室、仓库等；小型临时设施包括队组工具库、维修棚、洪炉棚、休息棚、茶炉棚、厕所以及小型机具棚等。修筑面积应按照有关修建指标定额进行控制，修建位置应严格遵照施工平面图布置的要求搭设，做到使用方便，不占工程位置，不占或少占农田，尽量靠近交通线路，尽量利用现场或附近原有建筑和拟建的正式工程和设施，临时设施设置尽可能做到经济实用、结构简易、因地制宜，利用旧料和地方材料，使用标准化装配式结构，使之可拆迁重复使用，同时遵循各项安全技术规定。

5.3.2 施工现场管理

建设项目对环境的污染以及对自然资源能源的耗费主要发生在施工现场，因此施工现场管理是能否实现整体绿色施工目标控制的关键。施工企业现场绿色施工管理的好坏，决定了绿色施工思想执行的程度。

1. 绿色施工现场管理的内容

1) 合理规划施工用地

首先要保证场内占地合理使用。当场内空间不充分，应会同建设单位、规划部门和公安交通部门申请，经批准后才能使用场外临时用地。

2) 施工组织中，科学地进行施工总平面设计

施工组织设计是施工项目现场管理的重要内容和依据，特别是施工总平面设计，其目的主要是对施工场地进行科学规划以合理利用空间。在施工总平面图上，临时设施、材料堆场、物资仓库、大型机械、物件堆场、消防设施、道路及进出口、加工场地、水电管线、周转使用场地都应合理，从而呈现出现场文明，有利于安全和环境保护，有利于节约，便于施工。

3) 根据施工进展的具体需要，按阶段调整施工现场的平面布置

不同的施工阶段与施工的需要不同，现场的平面布置亦应进行调整。一般情况下，施工内容发生变化，对施工现场也提出了新的要求。所以，施工现场不是固定不变的空间组合，而应对其进行动态的管理和控制，但应遵守不浪费的原则。

4) 加强对施工现场使用的检查

现场管理人员应经常检查现场布置是否按平面布置进行，是否符合有关规定，是否满

足施工需要，从而更合理地搞好施工现场布置。

5) 建立文明的施工现场

建立文明施工现场，可使施工现场和临时占地范围内秩序井然，文明安全，环境得到保护，绿地树木不被破坏，交通方便，文物得以保存，居民不受干扰，有利于提高工程质量和工作质量，提高企业信誉。

6) 及时清场转移

施工结束后，应及时清场，将临时设施拆除，以便整治规划场地，恢复临时占用土地。

2. 绿色施工现场管理的要求

1) 基本要求

(1) 现场门头应设置企业标志。

(2) 项目经理部应在现场入口的醒目位置公示以下标牌：工程概况牌，安全纪律牌，防火须知牌，安全无重大事故牌，安全生产、文明施工牌，施工总平面图，施工项目经理组织框架及主要管理人员名单图。

(3) 项目经理应把施工现场管理列入经常性的巡视检查内容，并与日常管理有机结合，及时抓好整改。

2) 对现场的规范性要求

(1) 施工现场场容规范化应建立在施工平面图设计的科学合理化和物料器具定位管理标准化的基础上。

(2) 项目经理部必须结合施工条件，按照施工技术方案和施工进度计划的要求，认真进行施工平面图的规划、设计、布置、使用和管理。

(3) 按照已审批的施工总平面图或相关的单位工程平面图划定的位置，布置施工项目的主要机械设备、材料堆场及仓库，现场办公、生活临时设施等。

(4) 施工物料器具除应按施工平面图指定位置布置外，还应根据不同的特点和性质，规范布置方式和要求，进行规格分类，设置限宽限高挂牌标识等。

(5) 在施工现场周边应设置临时围护设施。

(6) 施工现场应设置畅通的排水沟，场地不积水，不积泥浆。

3. 施工现场环境保护

(1) 施工现场泥浆、污水不经处理，不得直接排入城市排水设施、湖泊、河流、池塘。

(2) 禁止将有毒有害废弃物作土方回填。

(3) 生活垃圾、渣土应指定地点堆放。为防止施工现场尘土飞扬，污染环境，应合理适当地用洒水车喷洒路面。

(4) 在施工现场进行爆破、打桩等施工作业前，项目经理部应将影响范围、程度及有关措施向附近居民通报说明，取得协作与配合，减少事故发生。

(5) 施工时若发现文物、古迹、爆炸物、电缆等，应停止施工，报告有关单位，待采取相关措施后方可施工。

4. 施工现场的防火、防震与安保

(1) 应做好施工现场保卫工作，采取必要的防盗措施，如：设立门卫。

(2) 现场必须安排消防车出入口和消防道路，设置性能完好的消防设施。

(3) 施工中需要进行爆破作业的，必须经上级主管部门审查批准，并持说明爆破器材的地点、数量、用途、四邻距离的文件和安全操作规程，向所在地的县、市公安局领取“爆破物品使用许可证”，由具备爆破资格的专业人员按有关规定进行施工。

(4) 发现有地震灾情，应迅速组织人员撤离，确保人身安全。

5.3.3 工程验收管理

每个环节的控制效果成功与否，应当通过一系列的检查验收工作来鉴定。工程验收就是对“绿色施工”的鉴定。健全完善现场材料进场验收制度，特别是对商品混凝土、钢筋等大众材料要落实专人进行验收，确保材料质量合格，以避免不必要的损失。

(1) 对进场材料的验收，不仅仅从数量和价格方面进行验收，更主要的是对先期封存的相关资料、样品及各项技术参数(尤其是在满足力学性能要求的前提下对涉及环保因素的指标)的验收和检查。

(2) 对各工艺过程中涉及环保指标的检查和验收。

(3) 对完工工程的整体验收。施工项目竣工验收是指承包人按施工合同完成了项目全部任务，经检验合格，由发包人组织验收的过程。施工项目竣工验收依据包括：设计文件、施工合同、设备技术说明书、设计变更通知书、工程质量验收标准等。竣工验收要求包括以下几方面。

① 达到合同约定的工程质量验收标准。单位工程达到竣工验收的合格标准。单位工程满足生产要求或使用要求。建设项目满足投入使用或生产的各项要求。

② 竣工验收组织要求是：由发包人负责组织验收；勘察、设计、施工、监理、建设主管部门、备案部门的代表参加；验收组织的职责是听取各单位的情况报告，审查竣工资料，对工程质量进行评估、鉴定，形成工程竣工验收会议纪要，签署工程竣工验收报告，对遗漏问题做出处理决定。

③ 竣工验收报告应包括下列内容：工程概况、竣工验收组织形式、质量验收情况、竣工验收程序、竣工验收意见、签名盖章确认。

5.3.4 营造绿色施工氛围

绿色施工的宣传教育.pdf

近年来，随着我国经济的快速发展，城市化进程的不断加快，使得作为国民经济支柱产业的建筑业，也随之面临一个不可多得的发展良机。然而在生态文明建设的问题上，一些建筑施工企业认为，他们的主要工作是“建高楼、造大路、筑桥梁、钻石洞”，生态文明建设与其关系不大。错误认识换来的教训是深刻的。因此，

每个从事建筑业的员工，应把节约资源和保护环境放到一个十分重要的位置上。在企业发展的实践中，应综合运用多种方法，努力搞好绿色建筑施工，其中，结合工程项目的特点，有针对性地对绿色施工做相应的宣传，通过宣传营造绿色施工的氛围就是一个重要方面。

1. 重视宣传教育

在宣传教育上，企业应“三管齐下”，让生态文明建设的理念深入人心。

1) 从执行基本国策的高度加强宣传教育

节约资源和保护环境是生态文明建设的核心内容。节能减排作为一项基本国策，已经成为当前我国经济社会发展中的一项重要而紧迫的任务，国家及有关部门对此相当重视。

2) 从履行权利和义务的角度加强宣传教育

节能减排与我们每个公民的生产、生活息息相关，参与节能减排是每个公民应尽的责任和义务。每个公民既是生态环境建设的直接受益者，也应该是生态环境建设的直接参与者。

3) 从员工的行为习惯方面加强宣传教育

教育员工“从自己做起，从小事做起”，在日常生活、生产和工作中，在每一个细节上努力节约，减少污染物的排放量。

2. 建立相关制度，引导、督促员工重视节约社会资源

1) 合理节约建材

在保证工程质量的前提下，尽可能地从点滴做起，节约钢材、木材、水泥、黄砂、石子等建筑材料，降低施工成本。比如，在钢材的使用上，合理增加长钢筋的用量，减少钢筋的接头个数；利用短钢筋制作楼板筋马凳等。

2) 培养良好习惯

通过大会宣讲、定期检查和个别帮助等形式，引导员工在施工之外的日常生活中，自觉增强节能减排的意识。

3) 减少环境污染

在建筑施工过程中，会对生态环境带来一定的污染。企业应要求各项目部在工程施工时，尽可能地将环境污染降到最低。

4) 坚持文明施工

文明施工内涵十分丰富。以施工现场的冲洗石子为例，污水应进入当地的排污系统，而不要流入公路或人行道上，在工地上用好污水沉淀池，可以减少环境污染。

5) 尽量使用绿色建材

要多使用无毒或低毒的健康型建材、防火或阻燃的安全型建材以及各类新型多功能建材。

【案例 5-2】

随着我国建筑业和建设管理体制改革的不断深化，建筑业企业的生产方式和组织结构

也发生了深刻的变化，以施工项目管理为核心的企业生产经营管理体制已基本形成，施工项目管理作为一门管理学科，其理论研究和实践应用也愈来愈得到了各方面的重视，并在实践中不断创新和发展。施工管理是施工企业经营管理的一个重要组成部分。企业为了完成建筑产品的施工任务，从接受施工任务起到工程验收止的全过程中，围绕施工对象和施工现场而进行的生产事务的组织管理工作。

结合本章内容，试分析施工现场管理的主要内容有哪些？

5.4 人员安全与健康管理

音频 3.实施职业健康管理体系的要点.mp3

5.4.1 保障人员的职业健康

为了保障施工人员的健康，建筑施工企业应制定施工防尘、防毒、防辐射等防职业危害的措施和办法。

在实施职业健康安全管理体系过程中，要注意做好以下几方面工作。

1) 建立适合企业自身实际的职业健康安全管理体系标准构架

建造好的体系结构，对以后体系的运作起到了决定性的作用。首先要面对自己企业的实际情况，对施工组织模式、施工场所、技术工艺、职工素质做科学细致的分析，建立企业自己的易于操作执行、简洁高效的管理手册、程序文件及体系支撑性文件。职业健康安全管理体系作为一个新生事物，对它的认知有个过程，对体系的理解因人而异。相对于施工企业而言，施工周期长、施工条件恶劣、危害因素接触较为频繁、风险发生概率大、伤害结果严重、施工人员素质相对较低等诸多因素决定了建筑施工行业安全工作的复杂性。所以前期应做好企业内部的调查分析，建立一套简洁高效的管理手册和程序文件尤为重要。

2) 重视职业健康安全管理体系的宣贯工作

通过职业健康安全管理体系的宣贯工作，使职工认识到企业推行职业健康安全管理体系并不是要企业重新建立一套安全管理体制，而是与现行的安全管理体制有机地结合，使安全管理工作成为循序渐进、有章可循、自觉执行的管理行为。体系面对的对象是企业的各级员工，也靠基层的员工来执行，体系的宣贯不能仅局限于管理层、高层的宣贯，还要普及到基层的员工。尤其在体系完成的试运行阶段，通过集中办班、印制通俗易懂的小宣传册、企业的传媒宣传报道，在施工生产现场、班组工作间广泛宣传等形式多样的培训、宣传普及体系知识，使职工在体系贯彻伊始就有个好的习惯。同时培训出一批合格的体系内审员，做好体系的正常良性运作，能够及时找出体系的误差，不至于偏离方向。

3) 把握好职业健康安全管理体系在施工管理的重点控制环节

体系是否执行到位是安全目标得以实现的关键，为此需要把握住体系的几个重点控制环节。

(1) 做好做实危险源的辨识和控制。

危险源的辨识和控制是体系的核心，施工企业应有较为详细的安全操作规程，安全性

评价、安全检查表等工作。确定危险源辨识包括两方面的内容，一是识别系统中可能存在的危险、有害因素的种类，这是识别工作的首要任务；二是在此基础上进一步识别各种危险、有害因素的危害程度。

(2) 做好基层班组对体系的执行和落实工作。

危险源的辨识和控制是否能取得预期的实效，发挥超前控制事故的作用，关键在于各项控制措施是否在基层班组中得到严格执行，这是体系得以发挥作用的基础，直接关系到体系的运作效果。班组开展危险源的辨识和控制，认真落实各项预控措施，能有效地预防事故发生。班组是危险源的辨识和控制的基础层。从危险源的查找到在具体工作中的督促实施、记录跟踪，大量的工作都要落实在班组。

5.4.2 应急准备工作的应用

1. 施工现场几种常见应急预案的类型

施工单位应当以现场为目标区域，根据工程特点及现场环境条件，通过危险源辨识、风险评价，针对某种具体、特定类型的重大危险源，制定现场专项应急预案。根据对施工企业职业伤害事故的调查统计分析，常见应急预案的类型有以下几方面。

(1) 火灾应急预案在林区、化工厂施工，应尤其关注。

(2) 防洪度汛应急预案。水利水电工程施工中应用得最多。

(3) 土方坍塌应急预案。如基坑、隧洞、公路边坡、路基塌方等。

(4) 建筑物倒塌应急预案。

(5) 脚手架、集料平台倒塌应急预案。

(6) 台风应急预案。沿海地区施工应尤为关注。

(7) 食物中毒应急预案。多发生在职工食堂，因自救力量有限，应及时求助于社会救援力量。

(8) 气体中毒应急预案。常见于矿山、深基坑、隧洞及人工挖孔桩等项目。

(9) 大型起重机倒塌事故应急预案。

一些特殊险情如触电、高空坠落、溺水、烫伤、机车刹车失灵等，事故从发生到结束时间极短，预案难以充分发挥其效用，因此不需建立应急组织机构和编制应急预案，但应做好应急设备的检查和维护，定期演练应急措施。

2. 应急准备的策划要求

应急准备的目标是保持重大事故应急救援所需的应急能力，为实现该目标，应针对重大危险源在组织措施、技术措施上做出计划和安排，对应急资源定期检查和维护。

1) 应急组织机构和职责

作为一种组织措施，应急组织机构应单独设立，同一施工区域可以有统一的组织机构来对应多项应急预案。视项目规模、风险类型和风险大小的不同，机构组成稍有差别。中、小型项目的应急组织机构可由下列小组组成应急指挥中心、技术专家组、通信联络组、工程抢险组、医疗救护组、疏散撤离组、应急设备组等。

(1) 应急指挥中心。

应急系统的指挥中心，指令应急预案的启动和关闭，协调各应急小组，统筹安排整个应急救援行动，为现场救援提供各种信息支持，实施场外应急力量、救援装备的迅速调度和增援，同时负责与地方政府和紧急服务机构的联络。对于小规模的突发险情，指挥中心可设在事故现场，指挥长可由现场主要管理者担任。

(2) 技术专家组。

对险情作出判断，提交应对技术措施，评估事件规模和事态发展趋势，为进一步行动预先做出准备。

(3) 通信联络组。

应建立和及时更新作业人员名单、关键人员的地址和电话表、地方政府和紧急服务机构的地址和电话表。预案启动后，在中心指令下，按程序迅速通知作业人员到场，在各小组间联络与传递信息，负责在预定地点接引外部救援力量到场。

(4) 工程抢险组。

负责寻找受害者，消除或降低险情以及事故后的现场恢复。

(5) 医疗救护组。

为受害者提供现场急救和早期护理，必要时转送伤者到急救站或医院。

(6) 疏散撤离组。

安排无关人员撤离到集中地带；核实、疏散受到影响的居民；撤离重要机械、物资，必要时协助交通警戒。

(7) 应急设备组。

管理项目应急设备数量和存放地点的明细清单，提供互助机构和紧急服务机构可提供的设备清单。督促应急设备的日常检查和维护。

2) 应急预案的编制

作为技术措施的主要体现，应急预案文件中应明确“针对事故所必须采用的技术方法、手段、设备设施和具体的操作步骤和操作要求”。

(1) 事故报警。

预案中应明确报警电话，并应为员工所熟知。险情发生后，任何人都有报警的权利和义务。接警人员应及时按程序报告上级。有些项目配有内部对讲机，更为报警提供了便利。

(2) 警情与响应级别的确定。

根据事故性质、严重程度、事态发展趋势一般实行三级响应机制。如果事故不必启动预案的最低响应级别，则响应关闭。对不同的响应级别，相应地明确事故的通报范围、应急中心的启动程度、应急力量的出动，设备、物资的调集规模，疏散范围，应急总指挥的职位等。

(3) 响应程序。

它说明某个行动的目的、范围、工作流程和措施。程序内容要具体，比如该做什么、

谁来做、什么时间和什么地点做等。它的目的是为应急行动提供指南，要求程序和格式简洁明了，以确保应急队员在执行应急步骤时不会产生误解，格式可以是文字叙述和流程图表。如事例中响应级别确定后的具体行动措施即为响应程序。

(4) 程序说明书。

它是解决“怎么做”，是对程序中的特定任务及某些行动细节进行详细说明，供应急小组成员或其他个人使用，例如应急队员职责说明书、监测设备使用说明书、疏散步骤、急救步骤等。

3) 应急设备的准备和维护

应急资源的准备是应急救援工作的重要保障，项目应根据潜在事故的性质和后果分析，合理配置应急救援中所需的应急设备，如各种救援机械和设备、应急物资、监测仪器、抢险器材、交通工具、个体防护设备、简易急救设备等。应急设备应定期检查、维护与更新，保证始终处于完好状态。

3. 应急演练和培训

应急演练既是检验过程，又是培训过程。一方面检验了应急设备的配备，避免应急事件来临时相关资源不到位的问题，另一方面检验了程序间的衔接与各应急小组间的协调。通过演练，队员们得到了训练，熟悉了程序任务，同时了解自己现有的知识和技能与应对紧急事件的差距，从而提前做好补救措施。

1) 应急演练的形式

项目应综合考虑演练的成本、时间、场地、人员要求，按适当比例选择演练形式，编制应急演练计划，开展应急演练活动。

(1) 实战模拟演习。

采用相应的道具，对“真实”情况进行模拟。可根据施工项目的规模、特点来开展单项演习、多项演习和全面综合演习。单项演习是针对应急预案中的某一单科项目而设置的演习，如事故抢险、应急疏散演习等多项演习是两个或两个以上的单项组合演习，以增加各程序任务间的协调和配合性综合演习是最高一级的演习，重在全面检验和训练各应急救援组织间的协调和综合救援能力。

(2) 室外讨论式演练。

针对某一具体场景、某一特定应急事件现场讨论，成本较低，灵活机动。组织者描述应急事件的开始，让每一个参与者在应急事件中担当某一特定角色，并口头描述他如何应对，如何与其他角色进行配合。组织者引导参与者的思路，不时增加可变的因素或现场限制条件，将讨论深入下去。重在解决现场应变能力。

(3) 室内口头演练。

一般在会议室举行，成本最低，不受时间、场地、人员的限制。其特点是对演练情景进行口头表述，重在解决职责划分、程序任务、相互协作问题。

2) 演练结果的评价

演练结束后，应对效果做出评价，提交演练报告。根据演练过程中识别出的缺陷、错误，提出纠正或者改进措施。

【案例5-3】

2018年6月24日，上海丰和建筑劳务有限公司在位于上海市奉贤区海湾镇碧桂园项目32号楼进行6层屋面混凝土浇筑作业时发生一起模架坍塌事故，造成1人死亡，2人重伤，7人轻伤；7月12日，杭州萧山所前镇“碧桂园·前宸府”在建工地发生一起基坑坍塌事故，进而引发路面塌陷和水管爆裂；7月26日，安徽省六安市金安区“碧桂园·城市之光”在建工地发生一处围墙和活动板房坍塌，造成6人死亡，1人伤情危急，2人伤势较重。

结合本章内容，思考在组织施工的过程中应如何做到人员安全与健康的管理？

本章小结

本章讲述了绿色施工管理的相关内容，其中涵盖组织管理、规划管理、实施管理和人员安全与健康管理四部分内容。组织管理包含管理体系和责任分配两方面的内容；规划管理包含编制绿色施工方案和绿色施工方案的内容；实施管理包含施工准备、施工现场管理、工程验收管理和营造绿色施工氛围四部分；人员安全与健康管理包含保障人员的职业健康和应急准备工作等内容。通过本章的学习，学生们不仅可以提高对本章内容的深层次理解，更为将来的学习和工作打下坚实的基础。

实训练习

一、填空题

1. 绿色施工中“四节一环保”指的是______、______、______和______。

2. ______为绿色施工第一责任人，负责绿色施工的组织实施及目标实现，并指定绿色施工管理人员和监督人员。

3. 在施工现场应针对不同的污水，设置相应的处理设施，如_____、_____、_____等。

4. 建立施工机械设备管理制度，开展用电、用油计量，完善设备档案，及时做好维修保养工作，使机械设备保持______、______的状态。

5. 照明设计以满足最低照度为原则，照度不应超过最低照度的______。

二、单选题

1. 利用钢筋尾料制作马凳、土支撑，属于绿色施工的是(　　)。

A. 节材与材料资源利用　　B. 节水与水资源利用

C. 节能与能源利用　　D. 节地与土地资源保护

2. 在民工生活区进行每栋楼单独挂表计量，以分别进行单位时间内的用电统计，对比分析，属于绿色施工的是(　　)。

A. 节材与材料资源利用　　　B. 节水与水资源利用
C. 节能与能源利用　　　D. 节地与土地资源保护

3. 利用消防水池或沉淀池，收集雨水及地表水，用于施工生产用水，属于绿色施工的是(　　)。

A. 节材与材料资源利用　　　B. 节水与水资源利用
C. 节能与能源利用　　　D. 节地与土地资源保护

4. 施工现场材料仓库、钢筋加工厂、作业棚、材料堆场等布置靠近现场临时交通线路，缩短运输距离，属于绿色施工的是(　　)。

A. 节材与材料资源利用　　　B. 节水与水资源利用
C. 节能与能源利用　　　D. 节地与土地资源保护

5. 项目部用绿化代替场地硬化，减少场地硬化面积，属于绿色施工的是(　　)。

A. 节材与材料资源利用　　　B. 节水与水资源利用
C. 节能与能源利用　　　D. 节地与土地资源保护

三、简答题

1. 简述组织管理体系的构成。
2. 简述绿色施工方案包含的内容。
3. 简述施工准备工作的内容。

第5章课后习题答案.docx

实训工作单

<table>
<tr><td>班级</td><td></td><td>姓名</td><td></td><td>日期</td><td></td></tr>
<tr><td colspan="2">教学项目</td><td colspan="4">绿色施工管理</td></tr>
<tr><td>任务</td><td colspan="2">掌握绿色施工管理的方法</td><td>方法</td><td colspan="2">查阅书籍、资料</td></tr>
<tr><td colspan="3">相关知识</td><td colspan="3">绿色施工管理基础知识</td></tr>
<tr><td colspan="3">其他要求</td><td colspan="3"></td></tr>
<tr><td colspan="6">查阅资料学习的记录</td></tr>
<tr><td>评语</td><td colspan="3"></td><td>指导老师</td><td></td></tr>
</table>

第6章 环境保护

【教学目标】

- 熟悉扬尘的危害。
- 熟悉建筑节能检测和诊断。
- 熟悉既有建筑节能改造。

【教学要求】

本章要点	掌握层次	相关知识点
扬尘	1. 熟悉扬尘的危害及主要来源 2. 掌握建筑施工中扬尘的防治方法	扬尘的危害
噪声、振动	1. 熟悉噪声的危害与治理 2. 掌握建筑施工噪声与控制方法	1. 噪声的危害 2. 建筑噪声的控制
光污染	1. 熟悉光污染的危害与来源 2. 掌握光污染的预防与治理方法	1. 光污染的定义 2. 光污染的治理措施
水污染	1. 了解建筑基础施工对地下水的影响 2. 掌握施工现场污水的处理措施	1. 建筑施工对地下水的影响 2. 施工现场污水的处理措施
土壤	1. 了解土地资源的现状 2. 掌握土壤保护的方法	1. 我国土地资源现状 2. 土壤保护的措施
建筑垃圾	1. 掌握建筑垃圾的定义 2. 熟悉建筑垃圾的治理措施	1. 建筑垃圾的定义 2. 建筑垃圾的治理

【案例导入】

2010 年 11 月，王某与拆迁人投资公司签订拆迁安置协议，约定安置其到××区 10 号院 7 号楼居住。2012 年 5 月，王某入住后发现该楼邻近××高速公路，噪声污染十分严重，日常生活和学习受到严重干扰。王某多次要求解决噪声污染问题，均没有结果。为此，王某于 2017 年 8 月向法院提起诉讼，请求判令投资公司、公路局、发展公司限期采取减轻噪声污染的措施，将住房内噪声值降低到标准值以下，赔偿从入住以来的噪声扰民补偿费每月 60 元，总计 4500 元。

(资料来源：《环境噪声 污染防治法案例》)

【问题导入】

结合本章内容，思考环境保护的意义。

6.1 扬　　尘

扬尘的防治.pdf

6.1.1 扬尘的危害及主要来源

1. 扬尘的危害

建筑业扬尘污染是空气中总悬浮颗粒物的主要污染源之一，也是 PM2.5 的来源之一。而城市的空气总悬浮颗粒物是造成我国多数城市空气污染严重的首要污染物。建筑扬尘的主要危害有以下几方面。

(1) 大多可以通过鼻腔和咽喉进入肺部，引起肺功能改变、神经系统疾病，肺癌等。并通过空气传播多种流行性疾病，很多病菌、病毒正是附着在扬尘表面传染的。

(2) 大气中颗粒物会降低能见度，易形成浓烟和雾，造成严重的视觉污染。

(3) 空气中灰尘、颗粒物增多容易形成降水，其中的酸性物质，可以形成酸沉降，对金属、建筑材料及文物表面具有极强的腐蚀作用。

(4) 建筑扬尘对于城市的绿色植物的生长可能造成影响，堵塞气孔，降低其光合作用。

(5) 空气中扬尘积累到一定程度，会严重影响市容及民众日常生活。

2. 建筑扬尘的主要来源

(1) 由于建筑施工技术低下，施工前不注意设置遮挡防护墙，施工过程中产出许多粉尘，又无妥善处理措施或及时填埋、硬化等，轻风一吹，沙尘泛起，造成线状污染，是颗粒物来源之一。尤其是反复施工，重复建设更是加重了污染。

(2) 旧房拆迁主要依赖人工，效率低下，拆下的砖石、废土等不能及时清运，往往造成面源污染。

(3) 市政道路的地段不止一次两次地反复挖开，又不进行必要的围护等防尘措施，道路沿线在施工期间由于机动车的交通影响，扬尘十分严重。

6.1.2 建筑施工中扬尘的防治

科学合理地组织施工，从源头减少扬尘。建筑扬尘的产生很大一部分是由于不合理、不科学、不规范施工造成。因此，加强管理、科学规划、协调统筹，避免不必要的扬尘污染产生，具体措施如下。

(1) 在建筑施工单位大力推行 ISO 1400 环境管理体系标准，将防止扬尘污染工作纳入其日常管理，落实到每个具体工作岗位。建设单位在施工预算中应包括用于施工过程扬尘污染控的专项资金，施工单位要保证这部分资金

音频 1.扬尘防治的措施.mp3

专款专用。

(2) 在施工方案确定前，建设单位应会同设计、施工单位和有关部门对可能造成周围扬尘污染的施工现场进行检查，制定相应的技术措施，纳入施工组织设计。建筑施工单位在编制工程施工设计中，应同时编制施工现场环境保护管理措施。特别是对扬尘、废弃物的控制，配合所承建的规模、所处的地理位置进行编制，做到有措施、有落实、有监督、有成效。保证施工清洁、文明。

(3) 建筑工地周围设置硬质遮挡围墙。在建筑工程外侧必须使用密封式安全网封闭，物料提升机架体外侧应使用立网防护。在多层和高层建筑施工过程中，严禁抛洒废弃物。禁止在工地内熔融沥青，焚烧油毡、油漆以及其他产生有害、有毒气体和烟尘的物品。禁止在建工地食堂使用燃煤泥、散煤的大灶。施工道路及作业场地采用混凝土硬化，平整坚实，无浮土工地大门门外用混凝土硬化。建筑工程完工后，施工单位应及时拆除工地围墙、安全防护设施和其他临时设施，并将工地及四周环境清理干净整洁。

(4) 建筑施工现场内堆放的建筑材料应按使用性质存放，堆放渣土、砂石等易产生扬尘的物质应采用洒水或覆盖等方式减少扬尘污染。鼓励推广使用商品混凝土，推广使用有效性、实用性、经济性和友好性方面均取得了突出性成果的绿色环保型扬尘覆盖剂，有效控制建筑工地物料堆放、施工作业产生的扬尘。建筑施工工地的生活垃圾应当袋装收集，密闭贮存，无害化处理。按规定时间随时清理建筑工地的各种垃圾，控制建筑物料、垃圾的扬尘污染。

(5) 建筑材料运输车辆的车厢应确保牢固、严密、运输散体材料、液体材料清运物体，应当严密遮盖和有围护措施，防止在装运过程中沿途抛、洒、滴、漏。施工运输车辆不准带泥驶出工地，驶出工地前进行轮胎冲洗。任何单位个人不得随意倾倒、抛撒、堆放建筑垃圾。

(6) 提倡清洁化生产，提高自动化水平。开展建筑施工工地的生态环境建设，防治建筑、拆迁、道路运输和物料堆放的扬尘污染。加强生态建设包括增加建造喷水池、植草种花、提高绿化覆盖率和铺装硬化地面面积，积极实施“黄土不露天”工程。

【案例 6-1】

为恢复前期因地下自来水管网接驳工程而破坏的路面，金山大道新榕金城湾项目的施工单位福州建工(集团)总公司，用钩机将原回填过高的多余土方钩放在路面上，进行彩色路面砖铺设工作。原计划等路面铺设完毕并进行清理后，将开挖出的土方同时清运出场。施工班组认为土方只是短暂堆放，未采取覆盖防止扬尘措施，仅进行简易围挡，监理单位也未能及时提出整改意见，导致发生了扬尘污染的事件，PM10 超标近 40 倍。

由于施工中存在扬尘污染、安全事故等问题，省住建厅日前集中约谈了相关责任单位法定代表人及责任人。福州建工(集团)总公司等被行政处罚，郑州中兴工程监理有限公司、中交第三公路工程局有限公司、中铁二院(成都)咨询监理有限责任公司被全省通报批评，汨罗市俊豪建筑劳务有限公司被立案查处。

结合本小节内容，思考建筑施工过程中应如何避免扬尘污染？

6.2 噪声、振动

6.2.1 噪声的危害与治理

建筑施工噪声是指在建筑施工过程中产生的干扰周围生活环境的声音，它是噪声污染的一项重要内容，对居民的生活和工作会产生重要的影响。

建筑施工噪声被视为一种无形的污染，它是一种感觉性公害，被称为城市环境“四害”之一，具有以下特点。

1. 普遍性

由于建筑施工噪声是随着建筑作业活动的发生或某些施工设备的使用而出现的，因此对于城镇居民来说是一种无准备的突发性干扰。

2. 暂时性。

建筑施工噪声的干扰随着建筑作业活动的停止而停止，因此是暂时性的。此外，施工噪声还具有强度高、分布、波动大、控制难等特点。

《声环境质量标准》(GB 3096—2008)自 2008 年 10 月 1 日起实施，国家对环境噪声限值作了详细的规定，如表 6-1 所示。

表 6-1　环境噪声限值

单位：dB(A)

声环境功能区类别		昼　间	夜　间
0 类		50	40
1 类		55	45
2 类		60	50
3 类		65	55
4 类	4a 类	70	55
	4b 类	70	60

注：表中 0 类声环境功能区：指康复疗养区等特别需要安静的区域。

1 类声环境功能区：指以居民住宅、医疗卫生、文化教育、科研设计、行政办公为主要功能，需要保持安静的区域。

2 类声环境功能区：指以商业金融、集市贸易为主要功能，或者居住、商业、工业混杂，需要维护住宅安静的区域。

3 类声环境功能区：指以工业生产、仓储物流为主要功能，需要防止工业噪声对周围环境产生严重影响的区域。

4 类声环境功能区：指交通干线两侧一定距离之内，需要防止交通噪声对周围环境产生严重影响的区域，包括 4a 类和 4b 类两种类型。4a 类为高速公路、一级公路、二级公路、城市快速路、城市主干路、城市次干路、城市轨道交通(地面段)、内河航道两侧区域；4b类为铁路干线两侧区域。

在下列情况下，铁路干线两侧区域不通过列车时的环境背景噪声限值，按昼间70dB(A)、夜间55dB(A)执行。

(1) 穿越城区的既有铁路干线。

(2) 对穿越城区的既有铁路干线进行改建、扩建的铁路建设项目。

各类声环境功能区夜间突发噪声，其最大声级超过环境噪声限值的幅度不得高于15dB(A)。

噪声对人体的影响是多方面的，研究资料表明：噪声在50dB(A)以上开始影响睡眠和休息，特别是老年人和患病者对噪声更敏感；60dB的突然噪声会使大部分熟睡者惊醒；70dB(A)以上干扰交谈，妨碍听清信号，造成心烦意乱、注意力不集中，影响工作效率，甚至发生意外事故；长期接触90dB(A)以上的噪声，会造成听力损失和职业性耳聋，甚至影响其他系统的正常生理功能；175dB的噪声可以致人死亡。而实际检测显示：建筑施工现场的噪声一般在90dB以上，甚至最高达到130dB。由于噪声易造成心理恐惧以及对报警信号的遮蔽，它又常是造成工伤死亡事故的重要配合因素，这不能不引起人们的高度重视，如何控制和防治建筑施工噪声也成了一个刻不容缓的话题。

6.2.2 建筑施工噪声与控制

施工现场噪声排放不得超过国家标准《建筑施工场界环境噪声排放标准》的规定，因此，要使噪声排放量达到规定要求，在施工过程中必须采取控制措施。

1. 从声源上控制噪声

音频2.施工现场噪声控制的措施.mp3

尽量选用低噪声设备和工艺代替高噪声设备与加工工艺，在施工过程中选用低噪声搅拌机、钢筋夹断机、振捣器、风机、电动空压机、电锯等设备，例如液压打桩机，在距离15m处实测噪声级仅为50dB，低噪声搅拌机、钢筋夹断机与旧搅拌机和钢筋切割机相比，声源噪声值可降低10dB，可使施工场界严重超标点位的噪声降低3～6dB。同时，还需要对落后的施工设备进行淘汰。施工中采用低噪声新技术效果明显，例如，在桩施工中改变垂直振打的施工工艺为螺旋、静压、喷注式打桩工艺；以焊接代替铆接，用螺栓代替铆钉等可使噪声在施工中加以控制等。钢管切割机和电锯等小型设备通常用于脚手架搭设和模板支护，为了消减其噪声，一方面优化施工方案可改用定型组合模板和脚手架等，从而避免对钢管和模板的切割，同时也降低了施工成本；另一方面将其移至地下室等隔声处可避免对周边的干扰，同样在制作管道时也可采用相应的方式。

采取隔声与隔振措施可避免或减少施工噪声和振动，对施工设备采取降噪声措施，通常在声源附近安装消声器消声。消声器是防治空气动力性噪声的主要设备，它适用于气动机械，其消声效果为10～50dB(A)。通常将消声器设置在通风机、鼓风机、压缩机、燃气轮

机、内燃机等各类排气放空装置的进出风管的适当位置，常用的消声器有阻性消声器、抗性消声器、阻抗复合消声器、穿微孔板消声器等。为了经济合理起见，选用消声器种类与所需消声量、噪声源频率特征和消声器的声学特性及空气动力特征等因素有关。

2. 在传播途径上控制噪声

吸声是利用吸声材料(如玻璃棉、矿渣棉、毛毡、泡沫塑料、吸声砖、木丝板、甘蔗板等)和吸声结构(如穿孔共振吸声结构、微穿孔板吸声结构、薄板共振吸声结构等)吸收周围的声音，通过降低室内噪声的反射来降低噪声。

隔声的原理是声衍射，在正对噪声传播的路径上，设立一道尺度相对声波波长足够大的隔声墙来隔声，常用的隔声结构有隔声棚、隔声间、隔声机罩、隔声屏等。从结构上分有单层隔声和双层隔声结构两种。隔声性能遵从“质量定律”，密实厚重的材料是良好的隔声材料，如砖、钢筋混凝土、钢板、厚木板、矿棉被等。由于隔声屏障具有效果好、应用较为灵活和比较廉价的优点，目前已被广泛应用于建筑施工噪声的控制上。例如在打桩机、搅拌机、电锯、振捣棒等强噪声设备周围设临时隔声屏障，可降噪约 15dB。

隔振是防止振动能量从振动源传递出去，隔振装置主要包括金属弹簧、隔振器、隔振垫(如剪切橡皮、气垫)等，常用的材料还有软木、矿渣棉、玻璃纤维等。阻尼是用内摩擦损耗大的一些材料来消耗金属板的振动能量并变成热能散失掉，从而抑制振动，致使辐射、噪声大幅度地消减。常用的阻尼材料有沥青、软橡胶和其他高分子涂料等。

3. 合理安排与布置施工

合理安排施工时间，除特殊建筑项目经环保部门批准外，一般项目，当对周围环境有较大影响时，应该采取夜间不施工。对于设备自身消除噪声比较困难，例如土方中的大型设备如挖掘机、推土机等，在施工中应采用合理安排作业时间的方法，而且在工作区域周边通过搭设隔声防震结构等方法消减对周边的影响。

合理布置施工场地，根据声波衰减的原理，可将高噪声设备尽量远离噪声敏感区，如某施工工地，两面是居民住宅，一面是商场，一面是交通干线，可将高噪声设备设置在交通干线一侧，其余的可靠近商场一侧，尽可能远离两面的居民点，这样高噪声设备声波经过一定距离的衰减，在施工场界噪声测量时测量两个居民点和一个商场敏感点，降低施工场界噪声 6dB 以上。施工边界四周都是敏感点，但与施工场界的距离有远有近，可将高噪声设备设置在离敏感点较远的一侧，同时尽可能将设备靠近工地，有利于降低施工场界噪声，这样既可避免设备离敏感点过近，又保证声波在开阔地扩散衰减。

4. 使用成型建筑材料

大多数施工单位都是在施工现场切割钢筋加工钢筋骨架，一些施工场界较小，施工期较长的大型建筑，应选在其他地方将钢筋加工好运到工地使用。还有一些施工单位在施工场界内做水泥横梁和槽形板，造成施工场界噪声严重超标，若选用加工成型的建筑材料或异地加工成型后再运至工地，这样可大大降低施工场界噪声。

5. 严格控制人为噪声

进入施工现场不得高声叫喊，不得无故甩打模板、乱吹哨，限制高音喇叭的使用，最大限度地减少噪声扰民。模板、脚手架钢管的拆、立、装、卸要做到轻拿轻放，上下、前后有人传递，严禁抛掷。另外，所有施工机械、车辆必须定期保养维修，并在闲置时关机以免发出噪声。

6. 施工场界对噪声进行实时监测与控制

监测方法执行国家标准《建筑施工场界环境噪声排放标准》(GB 12523—2011)。

6.3 光 污 染

狭义的光污染是指干扰光的影响，其定义为："已形成的良好的照明环境，由于逸散光而产生的被损害的状况，又由于这种危害的状况而产生的有害影响。"逸散光是指从照明器具发出的，使本不应该是照射目的的物体被照射到光。干扰光是指在逸散光中，由于光量和光方向，使人的活动、生物等受到有害影响，即产生有害影响的逸散光。

广义的光污染是指由人工光源导致的违背人的生理和心理需求或有损于生理与心理健康的现象，包括眩光污染、射线污染、光泛滥、视单调、视屏蔽、频闪等。广义的光污染包括了狭义的光污染的内容。

广义光污染与狭义光污染的主要区别在于：狭义光污染的定义仅从视觉的生理反应来考虑照明的负面效应，而广义光污染则向更高和更低两个层次做了拓展。在高层次方面，包括了美学评价内容，反映了人的心理需求；在低层次方面，包括了不可见光部分(红外线、紫外线、射线等)，反映了除人眼视觉之外，还有环境对照明的物理部分。

6.3.1 光污染的危害与来源

1. 光污染的危害

光污染虽未被列入环境防治范畴，但对它的危害认识越来越清晰，这种危害在日益加重和蔓延。在城市中玻璃幕墙不分场合地滥用，对人员、环境及天文观察造成一定的危害，成为建筑光学急需研究解决的问题。

首先，光的辐射及反射污染严重影响交通，街上和交通路口一幢幢大厦幕墙，就像一面面巨大的镜子在阳光下对车辆和红绿灯进行反射，光进入快速行驶的车内造成人突发性暂时失明和视力错觉，瞬间遮挡司机视野，令人感到头晕目眩，危害行人和司机的视觉功能而造成交通事故；建在居住小区的玻璃幕墙给周围居民生活也带来不少麻烦，通常幕墙玻璃的反射光比太阳光更强烈，刺目的强烈光线破坏了室内原有的气氛，使室温增高，影响到正常的生活，在长时间白色光亮污染环境下生活和工作，容易使人产生头昏目眩、失眠、心悸、食欲下降、心绪低落、神经衰弱及视力下降等病症，造成人的正常生理及心理

发生变化，长期照射会诱使某些疾病加重。玻璃幕墙容易污染，尤其是大气含尘量多、空气污染严重、干燥少雨的北方广大地区玻璃蒙尘纳垢难看，有碍市容。此外，由于一些玻璃幕墙材质低劣、施工质量差、色泽不均匀、波纹各异，光反射形成杂乱漫射，这样的建筑物外形只能使人感到光怪离奇，形成更严重的视觉污染。

其次，土木工程中钢筋焊接工作量较大，焊接过程中产生的强光会对人造成极大的伤害。电焊弧光主要包括红外线、可见光和紫外线，这些都属于热线谱。当这些光辐射作用在人体上时，机体组织便会吸收，引起机体组织热作用、光化学作用或电离作用，导致人体组织内产生急性或慢性的损伤。红外线对人体的危害主要是引起组织的热作用。在焊接过程中，如果眼部受到强烈的红外线辐射，便会立即感到强烈的灼伤和灼痛，发生闪光幻觉。长期接触可能造成红外线白内障、视力减退，严重时可导致失明。电焊弧光的可见光线的强度大约是肉眼正常承受的光度一万倍，当可见光线辐射人的眼睛时，会产生疼痛感，看不清东西，在短时间内失去劳动能力。电焊弧光中的紫外线对人体的危害主要是光化学作用，对人体皮肤和眼睛造成损害。皮肤受到强烈的紫外线辐射后，可引起皮炎、弥漫性红斑，有时出现小水泡、渗出液，有烧灼感、发痒症状。如果这种作用强烈时伴有全身症状：头痛、头晕、易疲劳、神经兴奋、发烧、失眠等。紫外线过度照射人的眼睛，可引起眼睛急性角膜炎和结膜炎，即电光眼炎，这种现象通常不会立刻表现出来，多数被照射后4～12天发病，其症状是出现两眼高度畏光、流泪、异物感、刺痛、眼睑红肿、痉挛并伴有头痛和视物模糊。

另外，由于我国基础建设迅速开展，为了赶工期，夜间施工非常平常。施工机具的灯光及照明设施在晚上会造成强烈的光污染。据美国一份调查研究显示，夜晚的华灯造成的光污染已使世界上1/5的人对银河系视而不见。这份调查报告的作者之一埃尔维奇说：“许多人已经失去了夜空，而正是我们的灯火使夜空失色。”他认为，现在世界上约有2/3的人生活在光污染里。在远离城市的郊外夜空，可以看到几千颗星星，而在大城市却只能看到几十颗。可见，视觉环境已经严重威胁到人类的健康生活和工作效率，每年给人们造成大量损失。为此，关注视觉污染，改善视觉环境，已经刻不容缓。

2. 城市光污染的来源

光污染是新近意识到的一种环境污染，这种污染通过过量的或不适当的光辐射对人类生活和生产环境造成不良影响，它一般包括白亮污染、人工白昼污染和彩光污染。有时人们按光的波长分为红外光污染、紫外光污染、激光污染及可见光污染等。

“光污染”已成为一种新的城市环境污染源，正严重地威胁着人类的健康。城市建设中光污染主要来源于建筑物表面釉面砖、磨光大理石、涂料，特别是玻璃幕墙等装饰材料形成的反光。随着夜景照明的迅速发展，特别是大功率高强度气体放电(HID)光源的广泛采用，使夜景照明亮度过高，形成了“人工白昼”；施工过程中，夜间施工的照明灯光及施工中电弧焊、闪光对接焊工作时发出的弧光等也是光污染的重要来源。

6.3.2 光污染的预防与治理

城市的“光污染”问题在欧美和日本等发达国家早已引起人们的关注，在多年前就开始着手治理光污染。随着“光污染”的加剧，我国在现阶段应该大力宣传“光污染”的危害，以便引起有关领导和人民群众的重视，在实际工作中减少或避免“光污染”。

防治光污染是一项社会系统工程，由于我国长期缺少相应的污染标准与立法，因而不能形成较完整的环境质量要求与防范措施，需要有关部门制定必要的法律和规定，并采取相应的防护措施，而且应组织技术力量对有代表性的“光污染”进行调查和测量，摸清“光污染”的状况，并通过制定具体的技术标准来判断是否造成光污染。在施工图审查时就需要考虑“光污染”的问题，总结出防治光污染的措施、办法、经验和教训，尽快地制定我国防治“光污染”的标准和规范是当前的一项迫切任务。

尽量避免或减少施工过程中的光污染，在施工中灯具的选择应以日光型为主，尽量减少射灯及石英灯的使用，夜间室外照明灯加设灯罩，透光方向集中在施工范围。

在施工组织计划时，应将钢筋加工场地设置在距居民和工地生活区较远的地方。若没有条件，应设置采取遮挡措施，如遮光围墙等，以便在电焊作业时，消除和减少电焊弧光外泄及电气焊等发出的亮光，还可选择在白天阳光下工作等施工措施来解决这些问题。此外，在规范允许的情况下尽量采用套筒连接。

6.4 水 污 染

水污染是指水体因某种物质的介入，而导致其化学、物理、生物或者放射性等方面特性的改变，从而影响水的有效利用，危害人体健康或者破坏生态环境，造成水质恶化的现象。施工现场产生的污水主要包括雨水、污水(又分为生活和施工污水)两类。在施工过程中产生的大量污水，如没有经过适当处理就排放，便会污染河流、湖泊、地下水等水体，直接、间接地危害这些水体重大生物，最终危害人类及我们的环境。本节通过目前水污染的现状及建筑施工对地下水资源的影响，深入讨论绿色施工中应对水污染的方法措施。

6.4.1 建筑基础施工对地下水的影响

1. 我国地下水现状

地表下土层或岩层中的水称为地下水，地下水通常以液态水形态存在，当温度低于 0℃时，液态水转化为固态水。地下水按照其埋藏条件可分为上层滞水、潜水和承压水；按照含水介质类型可分为孔隙水、裂隙水、岩溶水。据不完全统计，2010 年全球淡水资源仅占水资源总量的3%，69.56%的淡水资源存在于冰川，30.1%为地下水和土壤水，地表水占0.3%，其他形态存在的占 0.1%。因此，全球能够供人类使用的淡水资源十分有限，地下水是人类可以利用的分布最广泛的淡水资源，已经成为城市特别是干旱、半干旱地区的主要供水水源。

但是，近几年地下水环境的污染越来越严重，仅在2004年，全国平原区浅层地下水中约有24.28%的面积受到不同程度的人为污染，面积约达50万平方米，其中轻污染区(Ⅳ类)占11.95%，重污染区(Ⅴ类)占12.33%，其中太湖流域、淮河、辽河、海河污染最为严重，其污染面积合计占全国污染面积的45%，分别占其平原区浅层地下水评价面积的90.14%、52.11%、46.1%和43.75%。

2. 建筑施工对地下水资源的影响

造成地下水资源污染的原因很多，其中，建筑施工对地下水的影响绝对是不容忽视的。首先，施工期的水质污染主要来自于雨水冲刷和扬尘进入河水，从而增加了水中悬浮物浓度，污染地表水质。施工期间路面水污染物产生量与降水强度、次数、历时等有关，因建筑材料裸露，降雨时地表径流带走的污染物数量比营运期多，主要污染物是悬浮物、油类和耗氧类物质。土木工程在施工过程中会挖出大量的淤泥和废渣，如果直接排入水体或堆弃在田地上，会使水体混浊度增加，同时占压田地。施工期间对水体的油污染主要来自机械、设备的操作失误，导致用油的溢出、储存油的泵出、盛装容器残油的倒出、修理过程中废油及洗涤油污水的倒出、机械运转润滑油的倒出等，这些物质若直接排入水体后使形成了水环境中的油污染。施工区内有毒的物质、材料，如沥青、油料、化学品等如保管不善被雨水冲刷进入水体，便会造成较大污染。路面铺设阶段，各种含沥青的废水和路面地表径流进入水体，对地表水有一定影响，再加上施工区人员集中，会产生较多的生活污水，如果这些生活污水未经处理直接排入附近水体或渗入地下，将对水源的使用功能产生较大影响。

其次，城市的地下工程的发展及城市的基础工程施工也会对地下水资源产生不利影响，如果在工程施工中不注重对地下水资源的保护和监测，地下水资源将会遭受严重的流失和污染，对经济的发展和生活环境造成巨大的负面影响。如对于大型工程来说，随着基础埋置深度越来越深，基坑开挖深度的增加不可避免地会遇到地下水。由于地下水的毛细作用、渗透作用和侵蚀作用均会对工程质量有一定影响，所以必须在施工中采取措施解决这些问题。通常的解决办法有两种，即降水和隔水。降水对地下水的影响通常要强于隔水对地下水的影响，降水是强行降低地下水位至施工底面以下，使得施工在地下水位以上进行，以消除地下水对工程的负面影响。这种施工方法不仅造成地下水大量流失，改变地下水的径流路径，还由于局部地下水位降低，邻近地下水向降水部位流动，地面受污染的地表水会加速向地下渗透，对地下水造成更大的污染。更为严重的是由于降水局部形成漏斗状，改变了周围土体的应力状态，可能会使降水影响区域内的建筑物产生不均匀沉降，使周围建筑或地下管线受到影响甚至破坏，威胁人们的生命安全。另外，由于地下水的动力场和化学场发生变化，使会引起地下水中某些物理化学组分及微生物含量发生变化，导致地下水内部失去平衡，从而使污染加剧。另外，施工中为改善土体的强度和抗渗能力所采取的化

学注浆，施工产生的废水、洗刷水、废浆以及机械漏油等都可能影响地下水质。

6.4.2 水污染的防治措施

水污染的防治.pdf

音频3.水污染的控制措施.mp3

水环境规划方案确定后，要提出水污染防治措施，主要有以下几方面。

(1) 合理利用水环境容量科学利用水环境容量，消除水污染，同时结合工业布局调整和下水管网建设，调整污染负荷的分布，如将废水排放口下移或将饮用水源取水口上移，或将污染负荷引入环境容量较大的水体，充分利用大江、大河、近海海域的水环境容量等。

(2) 节约用水，计划用水，加强废水回收利用综合防治水污染的最有效、最合理的方法是节约用水、实现废水回用。清污分流，一水多用、串联用水，努力提高水的循环利用，不仅可减少废水排放量，有益于水环境保护，而且可以大大减少新鲜水用量，缓解水资源的紧张状况，这对我国北方和其他缺水地区来说，更具有重要的意义。

(3) 排水管网的合理布局综合本地区的自然条件和社会条件，考虑地区各分片的废水收集方式，按照最经济合理的方案，把不同污水集中输送到污水处理厂或排入水体，或灌溉土地，或处理后重复使用，这些均需要统一规划，合理建设城市排水管网。

(4) 水域污染综合防治工程应根据城市和工矿区沿水系分布情况，分段或分区调查研究其自净能力和自净规律，确定污染负荷，从而计算治污工程措施对污染物的去除程度，以修建相应的处理设施。

(5) 综合防治、整体优化水污染综合防治的发展方向是按水域功能实行总量控制，优化排污口分布，合理分配污染负荷，实施排污许可证制度，定期进行定量考核。需要技术措施与管理措施相结合，集中控制与分散治理相结合，各种方案合理组合，运用优化技术进行整体优化。

6.4.3 施工现场污水的处理措施

我国相关建设部门针对施工现场的污水也采取了一定的处理办法，主要有如下几点。

(1) 污水排放单位应委托有资质的单位进行废水水质检测，提供相应的污水检测报告。

(2) 保护地下水环境，采用隔水性能好的边坡支护技术，在缺水地区或地下水位持续下降的地区，基坑降水尽可能少地抽取地下水；当基坑开挖抽水量大于50万立方米时，应进行地下水回灌并避免地下水被污染。

(3) 工地厕所的污水应配置三级无害化化粪池，不接市政管网的污水处理设施，或使用移动厕所，由相关公司集中处理。

(4) 工地厨房的污水有大量的动、植物油，动、植物油必须先除去才可排放，否则将使水体中的生化需氧量增加，从而使水体发生富营养化作用，这对水生物将产生极大的负面影响，而动、植物油凝固并混合其他固体污物更会对公共排水系统造成阻塞及破坏。一

般工地厨房污水应使用三级隔油池隔除油脂，常见的隔油池有两个隔间并设多块隔板，当污水注入隔油池时，水流速度减慢，使污水里较轻的固体及液体油脂和其他较轻废物浮在污水上层并被阻隔停留在隔油池里，而污水则由隔板底部排出。

(5) 凡在现场进行搅拌作业的必须在搅拌机前台设置沉淀池，污水流经沉淀池沉淀后可进行二次使用，对于不能二次使用的施工污水，经沉淀池沉淀后方可排入市政污水管道。建筑工程污水包括地下水、钻探水等，含有大量的泥沙和悬浮物，一般可采用三级沉降池进行自然沉降，污水自然排放，大量淤泥需要人工清除可以取得一定的效果。

(6) 对于化学品等有毒材料、油料的储存地，应有严格的隔水层设计，同时做好渗漏液收集和处理。对于机修含油废水一律不直接排入水体，集中后通过油水分离器处理，出水中的矿物油浓度需要达到 5mg/L 以下，对处理后的废水进行综合利用。

【案例 6-2】

2010 年 5 月 26 日上午 9 时，上海徐汇区卫生局卫生监督所接到某建筑工地民工举报电话，反映位于古美路田林路路口，某建筑工地内工人饮用宿舍区内的生活饮用水后，出现呕吐现象。上海徐汇区卫生局卫生监督所接报后，立即启动徐汇区生活饮用水突发性应急处置预案，组织相关监督员赶赴现场对工地生活饮用水设施及供水管路走向进行调查，排查污染源；对相关人员进行询问，调查水污染事件涉及影响的范围。经深入调查分析原因，判断该突发性生活饮用水污染事件是由于该建筑公司在工地内铺设的给排水管道不合理，污水蓄水池的出水管直接与市政水管道相连，阀门管理不善而造成的。

结合本节内容，思考施工现场污水的处理措施有哪些？

6.5 土壤保护

6.5.1 土地资源的现状

土壤作为独立的自然体，是指位于地球陆地地表，包括具有浅层水地区的具有肥力、能生长植物的疏松层，由矿物质、有机质、水分和空气等物质组成，是一个非常复杂的系统。

从资源经济学角度来看，土地资源都是人类发展过程中必不可少的资源，而我国土地资源的现状表现为以下几方面。

(1) 人口膨胀致使城市化的进程进一步地加快，也在一步步地侵蚀和毁灭土壤的肥力。

(2) 过度过滥使用农药化肥，使土壤质量急剧下降。

(3) 污水灌溉、污泥肥田、固体废物和危险废物的土壤填埋、土壤的盐碱化、土地沙漠化对土壤的污染和破坏显见又难以根治，西部地区(特别是西北地区)土壤退化与土壤污染状况非常严重，仅西北五省及内蒙古自治区的荒漠化土地面积就超过 212.8 万平方米，已占全国荒漠化面积的 81%，其中重度荒漠化土地就有 102 万平方米。目前，我国受污染的耕地近 2000 万平方米，约占耕地面积的 1/5。因此，土壤的完全退化与破坏是生态难民形成的重要原因。

基于上述因素，对于土壤的保护应该说是非常迫切的。然而，发达国家从20世纪五六十年代就开始有了有关农业的立法及相关土壤保护的法规，现在有一些国家也制定了土壤环境保护的专项法，如日本、瑞典等，而我国现行法律对土壤的保护注重的仅仅只是其经济利益的可持续性，而对作为环境要素的土壤保护是很不够的。

6.5.2 土壤保护的方式

制约土壤保护的关键因素是我国的人口膨胀，而且不可能在短期内减少人口压力，故针对目前我国土地资源的现状，为及时防止土壤环境的恶化，我国一些地区积极响应《绿色施工导则》的节地计划，并明确规定："在节地方面，建设工程施工总平面规划布置应优化土地利用，减少土地资源的占用。施工现场的临时设施建设禁止使用黏土砖，土方开挖施工应采取先进的技术措施，减少土方开挖量，最大限度地减少对土地的扰动并保护周边的自然生态环境。"

另外，在节地与施工用地保护中，《绿色施工导则》在临时用地指标、施工总平面布置规划及临时用地节地等方面还明确制定了如下措施。

(1) 保护地表环境，必须防止土壤侵蚀、流失，因施工造成的裸土，及时覆盖砂石或种植速生草种，以减少土壤侵蚀；因施工造成容易发生地表径流土壤流失的情况，应采取设置地表排水系统、稳定斜坡、植被覆盖等措施，减少土壤流失。

(2) 沉淀池、隔油池、化粪池等不发生堵塞、渗漏、溢出等现象，及时清掏各类池内沉淀物，并委托有资质的单位清运。

(3) 对于有毒有害废弃物，如电池、墨盒、油漆、涂料等应回收后交有资质的单位处理，不能作为建筑垃圾外运，避免污染土壤和地下水。

(4) 施工后应恢复被施工活动破坏的植被。与当地园林、环保部门或当地植物研究机构进行合作，在先前开发地区种植当地或其他合适的植物，以恢复剩余空地地貌或科学绿化，补救施工活动中人为破坏植被和对地貌造成的土壤侵蚀。

在城市施工时如有泥土场地易污染现场外道路时可设立冲水区，用冲水机冲洗轮胎，防止污染施工外部环境。修理机械时产生的液压油、机油、清洗油料等废油不得随地泼倒，应收集到废油桶中并统一处理。禁止将有毒、有害的废弃物用作土方回填。

限制或禁止黏土砖的使用，降低路基并充分利用粉煤灰，毁田烧砖是利益的驱动，也是市场有需求的后果。节约土地要从源头做起，即推进墙体材料改革，建筑业以新型节能的墙体材料代替实心黏土砖，让新型墙体材料占领市场。

推广降低路基技术，节约公路用地，修建公路取土毁田会对农田造成极大的毁坏。有必要采用新技术来降低公路建设对土地资源的耗费。我国火力发电仍占很大比例，加上供暖所产生的工业剩余粉煤灰总量极大，这些粉煤灰需要占地堆放，如果将这些粉煤灰用于公路建设，将是一个便于操作、立竿见影的节约和集约化利用土地的好方法。

【案例 6-3】

土地是一切资源和环境要素的载体，其可持续利用对可持续发展战略的实施具有重要的意义。然而，对土地资源的掠夺式使用已经威胁到人类的生存与发展，迫切要求土地资源可持续利用评价研究由理论走向实践。

土地资源是农业生产最重要的物质基础，也是人类赖以生存发展必不可少的有限资源，其基本属性是具有生产能力。作物产量、木材产量、草场生产率都是其生产能力的综合反映。但我国土地资源现状却令人担忧，耕地急剧减少，水土流失、土地荒漠化严重。通过对我国土地资源现状及所面临的危机进行简要分析，针对土地资源的可持续发展提出几点建议。土地是人类赖以生存和发展的基础。土地资源是人类最基本的生产和生活资料，是一定区域空间内的气候、地貌、岩石、水文、土壤和动植物等自然要素与人类过去和现在的劳动成果相结合的一个自然生态—经济综合体，具有自然、经济和社会属性。合理地开发利用土地资源，对于我国经济的发展，可持续发展战略的实施起着至关重要的作用。目前，我国人口众多，人均土地占有量低，人地矛盾突出。另外，对土地资源的不合理开发利用，造成了土地的退化、水土流失、土地的闲置等问题。

面对紧迫的土地资源现状，试结合本章内容，思考进行土壤保护的具体措施有哪些？

6.6 其　他

6.6.1 建筑垃圾

1. 建筑垃圾的控制

工程施工过程中每日均生产大量废物，例如泥沙、旧木板、钢筋废料和废弃包装物料等，这些基本用于回填，大量未处理的垃圾露天堆放或简易填埋，便会占用大量的宝贵土地并污染环境。

根据对砖混结构、全现浇结构、框架结构等建筑的施工材料损耗进行粗略统计，在每万平方米的建筑施工过程中，仅建筑废渣就会产生 500～600t，而如此巨量的建筑施工垃圾，绝大部分未经任何处理，便被建筑施工单位运往郊外或乡村，采用露天堆放或填埋的方式进行处理，这种处理方法不仅耗用了大量的耕地及垃圾清运等建设经费，而且给环境治理造成了非常严重的后果，不能适应建筑垃圾的迅猛增长，且不符合可持续发展战略。因而，自 20 世纪 90 年代以后，世界上许多国家，特别是发达国家已把城市建筑垃圾减量化和资源化处理作为环境保护和可持续发展战略目标之一。对于我国，现有建筑总面积 400 多亿平方米，以每万平方米建筑施工过程中产生建筑废渣 500～600t 的标准进行粗略推算，我国现有建筑面积至少产生了 20 亿 t 建筑废渣，这些建筑垃圾绝大部分采用填埋方式处理掉了，这一方式不仅要耗资大量的征用土地，造成了严重的环境污染，对资源也造成了严重的浪费。有关人士预计，到 2020 年，我国还将新增建筑面积约 300 亿平方米，如何处理和排放

建筑垃圾，已经成为建筑施工企业和环境保护部门面临的一道难题。

对于填埋建筑垃圾的主要危害在于：首先是占用大量土地。仅以北京为例，据相关资料显示，奥运工程建设前对原有建筑的拆除，以及新工地的建设，北京每年都要设置二三十个建筑垃圾消纳场，占用了不少土地资源。其次是造成严重的环境污染，建筑垃圾中的建筑用胶、涂料、油漆不仅是难以生物降解的高分子聚合物材料，还含有有害的重金属元素，这些废介物被埋在地下，会造成地下水被污染，并可危害到周边居民的生活。再次是破坏土壤结构、造成地表沉降，现今的填埋方法是垃圾填埋 8m 后加埋 2m 土层，这样的土层之上基本难以生长植被。在填埋区域，地表则会产生较大的沉降，这种沉降要经过相当长的时间才能达到稳定状态。建筑施工垃圾的费用在整个工程中所占的比重是不可轻视的，同时也可以反映施工单位的管理情况。从施工经济效益来看，施工过程中尽量减少施工垃圾的数量可以取得良好的施工经济效益。

2. 建筑施工垃圾产生的主要原因和组成

目前，我国建筑垃圾的数量已占到城市垃圾总量的 30%～40%，每万平方米建筑，产生建筑垃圾 600t，而每拆 $1m^2$ 混凝土建筑，就会产生近 1 吨的建筑垃圾。建筑垃圾多为固体废弃物，主要来自于建筑活动中的三个环节：建筑物的施工过程、建筑物的使用和维修过程以及建筑物的拆除过程。建筑施工过程中产生的建筑垃圾主要有碎砖、混凝土、砂浆、包装材料等；使用过程中产生的主要有装修类材料、塑料、沥青、橡胶等；建筑拆卸时产生的主要有废混凝土、废砖、废瓦、废钢筋、木材、碎玻璃、塑料制品等。

1) 碎砖

产生碎砖的主要原因如下。

(1) 运输过程、装卸过程。

(2) 设计和采购的砌体强度过低。

(3) 不合理的组砌方法和操作方法产生了过多的砍砖。

(4) 加气混凝土块的施工过程中未使用专用的切割工具，随意用瓦刀或锤等工具进行切块。

(5) 施工单位造成的倒塌。

2) 砂浆

砂浆产生建筑垃圾的主要原因如下。

(1) 砌筑砌体时由于铺灰过厚，导致多余砂浆被挤出。

(2) 砌体砌筑时产生的舌头灰未进行回收。

(3) 运输过程中，使用的运输工具产生了漏浆现象。

(4) 在水平运输时，由于运输车装浆过多造成车辆侧翻。

(5) 在垂直运输时，由于运输车辆停放不妥造成翻倒。

(6) 搅拌和运输工具未及时清理。

(7) 落地灰未及时清理利用。

(8) 抹灰质量不合格而重新施工。

3) 混凝土

产生混凝土垃圾的主要原因如下。

(1) 由于模板支设不合理，造成胀模面后修整过程中漏浆。

(2) 浇筑时造成的溢出和散落。

(3) 由于模板支设不严密，而造成漏浆现象。

(4) 拌制多余的混凝土。

(5) 大多数工程采用混凝土灌注桩，根据规范和设计要求，桩一般打至设计基底标高上 500mm，以便土方开挖后将上部浮浆截去，由于桩基施工单位的技术水平和工人的操作水平所制约，往往出现超打混凝土 500～1500mm，造成截下的桩头成为混凝土施工垃圾。

4) 木材

建筑中使用的木材主要为方木和多层胶合木(竹)板，通常用于建筑工程的模板体系。由于每个建筑物的设计风格和使用用途不同，所制作的多层胶合木(竹)板均在一个工程中一次性摊销，只有部分方木可以回收利用。其产生垃圾的主要原因如下。

(1) 使用过程中根据实际尺寸截去多余的方木。

(2) 刨花、锯末。

(3) 拆模中损坏的模板。

(4) 周转次数太多而不能继续使用的模板。

(5) 配制模板时产生的边角废料。

5) 钢材

建筑工程中所使用的钢材主要用于基础、柱、梁、板等构件，钢材垃圾产生的主要原因如下。

(1) 钢筋下料过程中所剩余的钢筋头。

(2) 钢材的包装带。

(3) 不合理的下料造成的浪费部分。

(4) 多余的采购部分。

6) 装饰材料

装饰材料主要用于建筑工程的内外装饰部分，装饰材料造成垃圾的主要原因如下。

(1) 订货规格不合理造成多余切割量。

(2) 运输、装卸不当而造成的破损。

(3) 设计装饰方案改变造成的材料改变。

(4) 施工质量不合格造成返工。

7) 包装材料

由于包装产生垃圾的主要原因如下。

(1) 防水卷材的包装纸。

(2) 块体装饰材料的外包装。

(3) 设备的外包装箱。

(4) 门窗的外保护材料。

不同结构类型的建筑所产生的垃圾各种成分的含量虽有所不同，但其基本组成是一致的，如表6-2和表6-3所示。

表6-2 建筑施工垃圾的数量和组成

垃圾组成	施工垃圾组成比例/%		
	砖混结构	框架结构	框架－剪力墙
碎砖	30～60	15～45	10～25
砂浆	8～15	10～20	10～25
混凝土	8～15	15～30	15～35
桩头		8～15	8～20
其他	15～25	12～25	15～25
合计	100	100	100
垃圾产生量/(kg/m^2)	50～200	45～150	40～150

表6-3 旧城改造建筑垃圾的数量和组成

单位：%

序　号	垃圾组成	砖混结构
1	碎砖	50～70
2	砂浆	8～15
3	混凝土	8～15
4	屋面材料	1～3
5	钢材	1～2
6	木材	1～2
7	其他	8～20
8	合计	100

3. 建筑施工垃圾的控制和回收利用

要减少建筑施工垃圾对环境造成的污染，要从控制垃圾产生数量与发展回收利用两个方面入手，根据建设部2007年9月10日颁布的《绿色施工导则》，建筑施工垃圾的控制应遵从以下几点：制定建筑垃圾减量化计划，如住宅建筑，每万平方米的建筑垃圾不宜超过400吨。加强建筑垃圾的回收再利用，力争建筑垃圾的再利用和回收率达到30%，建筑物拆除产生的废弃物的再利用和回收率大于40%。对于碎石类、土石方类建筑垃圾，可采用地基填埋、铺路等方式提高再利用率，力争再利用率大于50%。施工现场生活区设置封闭式垃圾容器，施工场地生活垃圾实行袋装化，及时清运。对建筑垃圾进行分类，并收集到现场封闭式垃圾站，集中运出。

建筑垃圾中存在的许多废弃物经分拣、剔除或粉碎后，大多可以作为再生资源进行重

新利用，例如存在于建筑垃圾中的各种废钢配件等金属，废钢筋、废铁丝、废电线等经分拣、集中、重新回炉后，可以再加工制造成各种规格的钢材；废竹、木材则可以用于制造人造木材；砖、石、混凝土等废料经破碎后可以代替砂、石材料，用于砌筑砂浆、抹灰砂浆、打混凝土垫层等，还可以用于制作砌块、再生骨料混凝土、铺道砖、花格砖等建材制品。可见，综合利用建筑垃圾是节约资源、保护生态的有效途径。

4. 建筑垃圾的处理

(1) 利用废弃建筑混凝土和废弃砖石生产粗细骨料，可用于生产相应强度等级的混凝土、砂浆或制备诸如砌块、墙板、地砖等建材制品。粗细骨料添加固化类材料后，也可用于公路路面基层。

(2) 利用废砖瓦生产骨料，可用于生产再生砖、砌块、墙板、地砖等建材制品。

(3) 渣土可用于筑路施工、桩基填料、地基基础等。

(4) 对于废弃木材类建筑垃圾，尚未明显破坏的木材可以直接再用于重建建筑，破损严重的木质构件可作为木质再生板材的原材料或造纸等。

(5) 废弃路面沥青混合料可按适当比例直接用于再生沥青混凝土。

(6) 废弃道路混凝土可加工成再生骨料用于配制再生混凝土。

(7) 废钢材、废钢筋及其他废金属材料可直接再利用或回炉加工。

(8) 废玻璃、废塑料、废陶瓷等建筑垃圾视情况区别利用。

6.6.2 地下设施、文物和资源保护

地下设施主要包括人防地下空间、民用建筑地下空间、地下通道和其他交通设施、地下市政管网等设施，这类设施通常处于隐蔽状态，在施工中如果不采取必要的措施极容易受到损害，一旦对这些设施进行损害，往往会造成很大的损失。保护好这类设施的安全运行对于确保国民经济的生产和居民正常生活具有十分重要的意义。文物作为我国古代文明的象征，采取积极措施千方百计地保护地下文物是每一个人的责任。当今世界矿产资源短缺的现状，使各国的危机感大大提高，并竞相加速新型资源的研发，因此，现阶段做好矿产资源的保护工作也是搞好文明施工、安全生产的重要环节。地下设施、文物和资源通常具有不规律及不可见性，对其保护时需要我们仔细勘探、精密布局、谨慎施工等。

1. 施工前的要求

开始前应调查清楚地下各种设施，做好保护计划，保证施工场地周边的各类管道、管线、建筑物、构筑物的安全运行。施工单位必须严格执行上级部门对市政工程建设在文明施工方面所颁发的条例、制度和规定。在开始土方基础工程开挖作业前，必须对作业点的地下土层、岩层进行勘察，以探明施工部位是否存在地下设施、文物或矿产资源，勘察结果应报相应工程师批准。如果根据勘察结果认为施工场地存在地下设施、文物或资源，应向有关单位和部门进行咨询和查询。

对于已探明的地下设施、文物及资源，应采取适当的措施进行保护，其保护方案应事先取得相应部门的同意并得到监理工程师的批准。比如，对于已探明的地下管线，施工单位需要进一步收集管线资料，并请管线单位监护人员到场，核对每根管线确切的标高、走向、规格、容量、完好程度等，做好记录并填写《管线施工配合业务联系单》，交给相关单位签认，并与业主及相关部门积极联系，进一步确认本工程范围中管线走向及具体位置。然后，根据管线走向及具体位置，在相应地面上做出标志，宜用白灰标志，当管线挖出后应及时给予保护。回填时，回填土应符合相关要求，必须注意土中不应含有粒径较大的石块，雨期施工时则应采取必需的降、排水措施，及时把积水排除。对于道路下的给水管线和污水管线，除采取以上措施外，在车辆穿越时，应设置土基箱，确保管线受力后不变形、不断裂，对于工程中有管线的位置将设置警示牌。

对于施工场区及周边的古树名木采取避让方法进行保护，并制定最佳的施工方案，在施工过程中统计并分析施工项目的CO_2排放量，以及各种不同植被和树种的CO_2固定量。

2. 施工过程中的保护措施

开工前和实施过程中，施工负责人应认真地向班组长和每一位操作工人进行管线、文物及资源方面的技术交底，明确各自的责任。应设置专人负责地下相关设施、文物及资源的保护工作，并需要经常检查保护措施的可靠性，当发现现场条件变化、保护措施失效时，应立即采取补救措施，要督促检查操作人员(包括民工)遵守操作规程，制止违章操作、违章指挥和违章施工。

开挖沟槽和基坑时，无论人工开挖还是机械挖掘，均需分层施工，每层挖掘深度易控制在20～30cm。一旦遇到异常情况，必须仔细而缓慢挖掘，把情况弄清楚后或采取措施后方可按照正常方式继续开挖。

施工过程中如遇到露出的管线，必须采取相应的有效措施，如进行吊托、拉攀、砌筑等固定措施，并与有关单位取得联系，配合施工，以求施工安全可靠。施工过程中一旦发现文物，立即停止施工，保护现场尽快通报文物部门并协助文物部门做好相应的工作。施工过程中发现现状与交底或图纸内容、勘探资料不相符时，或出现直接危及地下设施、文物或资源安全的异常情况时，应及时通知相关单位到场研究，商议制定补救措施，在未做出统一结论前，施工人员和操作人员不得擅自处理。施工过程中一旦发现地下设施、文物或资源出现损坏事故，必须在24小时内报告主管部门和业主，且不得隐瞒。

本章小结

建筑业扬尘污染是空气中总悬浮颗粒物的主要污染源之一，也是PM2.5的来源之一。而城市的空气总悬浮颗粒物是造成我国多数城市空气污染严重的首要污染物。建筑施工噪声是指在建筑施工过程中产生的干扰周围生活环境的声音，它是噪声污染的一项重要内容，对居民的生活和工作会产生重要的影响。在绿色施工过程中，要坚持绿色可持续的原则，

注重环境保护，降低扬尘对空气的污染，控制噪声以防影响周边环境，防止施工用水污染地下水资源，有效处理建筑垃圾。

实训练习

一、填空题

1. 建筑施工噪声被视为一种无形的污染，它是一种感觉性公害，被称为城市环境“四害”之一，具有以下特点：__________、__________。

2. 吸声是利用__________和__________吸收周围的声音，通过降低室内噪声的反射来降低噪声。

3. 隔声的原理是声衍射，在正对噪声传播的路径上，设立一道尺度相对声波波长足够大的隔声墙来隔声，常用的隔声结构有__________、__________、__________、__________。

4. 广义光污染指______________________________的现象，包括眩光污染、射线污染、光泛滥、视单调、视屏蔽、频闪等。

5. 填埋建筑垃圾的主要危害在于：__________；__________；____________________。

二、多选题

1. 扬尘的主要危害包括(　　)。

　A. 降低能见度　　B. 降低光合作用
　C. 影响身体健康　　D. 增加灰尘

2. 建筑施工噪声具有以下特点(　　)。

　A. 普遍性　　B. 长久性　　C. 暂时性　　D. 突发性

3. 光污染按光的波长分，有(　　)。

　A. 红外光污染　　B. 紫外光污染　　C. 激光污染　　D. 蓝光污染

4. 建筑中使用的木材产生垃圾的主要原因有(　　)。

　A. 刨花、锯末　　B. 损坏的模板　　C. 潮湿的木头　　D. 污染的木头

5. 包装产生垃圾的主要原因有(　　)。

　A. 防水卷材的包装纸　　B. 包装材料的浪费
　C. 包装的工艺不达标　　D. 门窗的外保护材料

三、简答题

1. 简述扬尘的危害有哪些？
2. 简述光污染的概念。
3. 简述水污染的防治措施有哪些？

第6章课后习题答案.docx

实训工作单

<table>
<tr><td>班级</td><td></td><td>姓名</td><td></td><td>日期</td><td></td></tr>
<tr><td>教学项目</td><td colspan="5">环境保护</td></tr>
<tr><td>任务</td><td colspan="2">掌握环境保护的内容</td><td>方法</td><td colspan="2">参考书籍、资料</td></tr>
<tr><td colspan="3">相关知识</td><td colspan="3">环境保护基础知识</td></tr>
<tr><td colspan="3">其他要求</td><td colspan="3"></td></tr>
<tr><td colspan="6">查找图书学习的记录</td></tr>
<tr><td>评语</td><td colspan="3"></td><td>指导老师</td><td></td></tr>
</table>

第 7 章　节能与能源利用

【教学目标】

- 掌握施工节能的概念。
- 区分施工节能与建筑节能。
- 制定施工节能的具体措施。

【教学要求】

本章要点	掌握层次	相关知识点
节能概述	1. 熟悉节能的概念 2. 掌握施工节能的方法 3. 熟悉施工节能与建筑及节能 4. 了解施工节能的主要措施	1. 施工节能的概念 2. 施工节能与建筑节能的区别
机械设备与机具	1. 掌握建立施工机械设备管理制度的目标 2. 熟悉施工设备的选择与使用	1. 建立施工机械设备管理制度 2. 施工设备的选择与使用
生产、生活及办公临时场地	1. 了解临时场地存在问题及解决 2. 掌握临时设施中的降耗措施	1. 临时场地存在的问题 2. 临时设施中的降耗措施
施工用电及照明	1. 了解建筑施工现场耗电现状 2. 熟悉施工临时用电的节能设计 3. 掌握临时用电应采取的节电措施	1. 施工现场耗电状况及特点 2. 施工临时用电的节能设计 3. 临时用电应采取的节电措施

【案例导入】

2017 年 12 月，中铝集团党组学习贯彻党的十九大精神研讨会暨 2017 年改革创新与发展战略研讨会在集团总部召开。在这次研讨会上，中铝集团党组副书记、总经理余德辉指出，当前中铝集团发展的主要矛盾是建设具有全球竞争力的世界一流企业的需要与不平衡不充分的发展之间的矛盾。

其中提到，未来中铝集团要扩大优质增量供给，培育发展新动能，解决“结构不平衡、

内涵不充分”的问题。主要涉及打造“三大平台”，即建设绿色中铝，打造环保节能平台，实现绿色发展；建设创新中铝，打造创新开发投资平台，实现创新发展；建设海外中铝，打造海外发展平台，实现开放发展。

随后，中铝集团成立了以中铝集团党组成员、副总经理张程忠为组长的环保节能平台公司筹备工作组。3个月来，筹备组开展了一系列工作，和国内外有关研究机构和环保企业开展了广泛接触、交流，掌握了有色行业环保节能业务的发展状况，制定了节能环保集团的组建方案。

(资料来源：宋铁毅. 抓党建：从严从实 强“根”固“魂”[J]. 中国石化，2018(07)：45-47.)

【问题导入】

结合本章内容，思考节能与能源利用的重要性？如何在绿色施工中施工？

7.1 节 能 概 述

节能与能源利用.mp4

我国人口众多，能源供应体系面临资源相对不足的严重挑战，人均拥有量远低于世界平均水平。据不完全统计，我国目前煤炭、石油、天然气人均剩余可采储量分别只有世界平均水平的58.60%、7.69%和7.05%，而且现阶段我国正处在工业化、城镇化快速发展的重要时期，能源资源的消耗强度大，能源需求不断增长，能源供需矛盾愈显突出。所以，节能降耗是我国发展经济的一项长远战略方针，其意义不仅仅是节约资源，还与生态环境的保护、社会经济的可持续发展密切相关，也正是后者的压力加速了节能降耗工作的开展。

建筑的能耗约占全社会总能耗的30%，其中最主要的是采暖和空调，占到20%。目前，建筑耗能(包括建造能耗、生活能耗、采暖空调等)已与工业耗能、交通耗能并列成为我国能源消耗的三大“猛虎”，尤其是建筑耗能随着我国建筑总量的逐年攀升和居住舒适度的提高，呈急剧上扬趋势。其中，建筑用能已经超过全社会能源消耗总量的25%，并将随着人民生活水平的提高逐步增至30%以上。而这30%仅仅是建筑物在建造和使用过程中消耗的能源比例，如果再加上建材生产过程中耗掉的能源(占全社会总能耗的16.7%)，和建筑相关的能耗将占到社会总能耗的46.7%。现在我国每年新建房屋20亿平方米中，99%以上是高能耗建筑；而既有的约430亿平方米建筑中，只有4%采取了能源效率措施，单位建筑面积采暖能耗为发达国家新建建筑的三倍以上。根据测算，如果不采取有力措施，到2020年，中国建筑能耗将是现在的三倍以上。

这样的数字背后又隐藏着何种隐忧，建筑能耗到底已经严重到何种程度，我国住宅建设用钢平均55kg/m^2，比发达国家高出10%～25%；水泥用量为221.5kg/m^2，每拌和1m^{3}混凝土比发达国家要多消耗80kg水泥。从土地占用来看，发达国家城市人均用地82.4m^2，发展中国家平均是83.3m^2，我国城镇人均用地为133m^2。同时，从住宅使用过程中的资源消

耗看，与发达国家相比，住宅使用能耗为相同技术条件下发达国家的2～3倍。从水资源消耗来看，我国卫生洁具耗水量比发达国家高出30%以上。早在2006年年底，全国政协调研组就建筑节能问题提交的调研数据显示：按目前的趋势发展，到2020年我国建筑能耗将达到10.9亿吨标准煤。它相当于北京五大电厂煤炭合理库存的400倍。每吨标准煤按我国目前的发电成本折合大约等于2700kW·h；这样，2020年，我国的建筑能耗将达到29430亿kW·h，将比三峡电站34年的发电量总和还要多(三峡电站2008年完成发电量808.12亿kW·h)。因此，建筑节能问题不容忽视。

改革开放以来，建筑节能一直都受到政府有关部门的高度重视。早在1986年，我国就开始试行第一部建筑节能设计标准，1999年又把北方地区建筑节能设计标准纳入强制性标准进行贯彻。国务院办公厅、住房和城乡建设部近年来又相继出台了《进一步推进墙体材料革新和推广节能建筑的通知》(国办发〔2005〕33号)、《关于发展节能省地型住宅和公用建筑的指导意见》等文件以推动建筑节能工作。各地方政府也纷纷出台具体落实措施来降低建筑能耗。然而，由于缺乏完备的监管体系，建筑节能实施情况并不乐观。早在2005年，建设部曾对17个省市的建筑节能情况进行了抽查，结果发现北方地区做了节能设计的项目只有50%左右按照设计标准去做。事实证明，中国的建筑节能市场潜力巨大。据不完全统计，如果使用高效能源技术改造现有楼房，每年可以节约大约6000亿元人民币的成本，相当于少建四个三峡水电站。

在工业化和城市化的进程中，如果要在下一个15年中保持高于7%的年增长率目标，我国正面临环境恶化和资源限制。实现可持续发展的目标，推广建筑节能、减少建筑能耗至关重要。导致建筑能耗巨大的几大“罪魁祸首”依然猖獗，在某些地方，特别是城乡结合部和农村地区，实心黏土砖产量仍出现，“封”而不“死”，造成极大的能源消耗；供热采暖的消耗大约占了建筑能耗中近一半，但“热改”在推进过程中依然困难重重，无法实现建筑节能的目标；大型公共建筑的建筑面积不到城镇建筑总面积的4%，却消耗了总建筑能耗的22%，成为能耗的“黑洞”。

7.1.1 节能的概念与理念

1. 节能的概念

节能是节约能源的简称，概括地说节能是采取技术上可行、经济上合理，有利于环境、社会可接受的措施，提高能源利用率和能源利用的经济效果，也就是说，节能是在国民经济各个部门、生产和生活各个领域，合理有效地利用能源资源，力求以最少的能源消耗和最低的支出成本，生产出更多适应社会需要的产品和提供更好的能源服务，不断改善人类赖以生存的环境质量，减少经济增长对能源的依赖程度。

我国建筑能耗与建筑节能现状表现为建筑总量大幅增加，能耗急剧攀升。目前，我国城乡建筑总面积约400多亿平方米，其中能达到建筑节能标准的仅占5%，其余95%都是非节能高能耗建筑。公共建筑面积大约为45亿平方米，其能耗以电为主，占总能耗的70%，

单位面积年均耗电量是普通居住建筑的 7～10 倍。调查显示，2013 年年底北京三星级以上的宾馆、饭店有 300 多家，建筑面积超过 2 万平方米的商场、写字楼约有 200 家，这些大型公共建筑面积仅占民用建筑的 5.4%，但全年耗电量约占全市居民生活用电总量的 50%。随着城镇化进程的加快和人民整体生活水平逐渐提高，中国正迎来一场房屋建设的高潮。据目前我国每年竣工房屋建筑面积超过 20 亿平方米，预测到 2020 年，全国城乡将新增房屋建筑面积约 300 亿平方米。在建筑总量大幅提升的同时，建筑能耗也将持续攀升。据测算，仅建筑用能在我国能源总消耗量中所占比例已从 2008 年的 10%上升到 2013 年的 27.47%。根据发达国家的经验，这个比例将逐步提高到 35%左右。作为住宅能耗的大户，空调正在以每年 1100 万台的惊人速度增长。由于人们对建筑热舒适性的要求越来越高，采暖区开始向南扩展，空调制冷范围由公共建筑扩展到居住建筑。我国农村建筑面积约为 250 亿平方米，年耗电量约 900 亿 kW・h，假如农村目前的薪柴、秸秆等非商品能源完全被常规商品能源替代，则我国建筑能耗将增加一倍。如果延续目前的建筑发展规模和建筑能耗状况，到 2020 年，全国每年将消耗 112 万亿 kW・h 和 411 亿吨标准煤，接近 2007 年全国建筑能耗的三倍，并且建筑能耗占总能耗的比例将继续提高。

建筑节能执行力差、能效低，住房和城乡建设部的一项调查显示，2013 年，我国按照节能标准设计的项目只有 58.5%，按照节能标准施工建造的只有 23.3%。当然，导致建筑节能执行力差的原因有很多，如在一些地方出现了一种被称为“阴阳图纸”的设计图，即一套图纸供设计审查用，另一套将建筑节能去掉后供施工用。设计师的建筑节能设计很好，但如果完全按照节能设计做，就会超过开发商的预算。由于不用节能材料后并不影响房屋的整体结构，也不会影响房屋的安全问题，所以只要相关部门不强行检查，开发商是能省则省。例如，若按节能规定操作，每平方米要多出 100 多元，一个几万平方米的小区，节能成本远远高于罚款。用廉价建材代替节能材料降低成本，开发商所需要做的仅是提交一份变更协商。建筑节能的关键之一就是建筑材料的节能，包括外墙保温材料、节能门窗等，在欧美日等发达国家，建筑保温材料中聚氨酯占 75%，聚苯乙烯占 5%，玻璃棉占 20%，而在中国，建筑保温材料 80%用的是聚苯乙烯，聚氨酯的应用只占了 10%左右。

2. 节能的理念

建筑能耗尤其是住宅建筑的能耗、建筑能耗(实耗值)的增加，以及建筑能耗在总能耗中比例的提高，说明我国的经济结构比较合理，也说明人民生活有了较大提高，而且政府自身在节能上怎么做，往往会影响民众的消费方式，所以政府的节能宣传显得尤其重要，这是从节能的“工程意识”转变到“全社会的系统意识”的最好途径。当前，许多发达国家每年都会花费巨大的资金来做节能宣传，比如日本政府每年花费约 1.2 亿美元来向民众宣传环保、节能等理念。但是，老百姓消费观念的转变需要一个长期的过程。据统计，我国节能灯产量占世界总产量的 90%左右，但是不幸的是，这其中 70%以上都出口的。节能产品的使用给个人带来的收益是经济效益，而国家收到的不仅是经济效益，还有社会效益、环境效益，所以国家应加大这方面的投入和宣传。

1) 节能是具有公益性的社会行为

节约能源与能源开发不同，节能具有量大面广和极度分散两大特点，涉及各行各业和千家万户，它的个案效益有限而规模效益巨大，只有始于足下和点滴积累的努力，采取多方参与的社会行动，才能“聚沙成塔，汇流成川”。20世纪80年代至90年代，节能以弥补短缺为主，约束能源浪费，控制能源消费，以降低能源服务水平为代价，作为缓解能源危机的应急手段。20世纪90年代以来，随着社会资源和环境压力的不断加大，节能转向以污染减排为主，鼓励提高能效，提倡优质高效的能源服务，作为保护环境的一个主要支持手段。现在，节能减排新思维已成为当今全球经济可持续发展理念的一个重要组成部分，为推动节能环保的公益事业注入了新的活力。

2) 节能要基于效率和效益基础

节能既要讲求效率，也要讲求效益，效率是基础，效益是目的，效益要通过效率来实现，这里所说的效率就是要提高能源利用率，在完成同样能源服务条件下实现需要的作业功能，减少能源消耗，达到节约能源的目的。讲求效益就是要提高能源利用的经济效果，使节省的能源费用高于用于节能所支出的成本，达到增加收益的目的，从而使人们分享节能与经济同步增长的利益。截至目前，我国对于节能材料和技术的推广应用尚没有较好的激励政策和有效措施，节能在很大程度上还停留在一种企业行为，很多节能产品企业因打不开市场而最终退出。借鉴西方发达国家的做法，为推动建筑节能的深入，政府可对不执行节能标准的新建和改扩建建筑工程与节能建筑实行差别税费政策。出台相应的有效激励机制，在税收、经营、技术市场管理等方面给予企业适当的优惠与帮助，以增强企业的积极性，或者借鉴美、德、日等发达国家的经验，由政府直接给予生产节能产品的企业一定比例的补贴，或采取减免生产企业和用户税费的方式进行支持。为鼓励厂家和用户实现更高的能源效率标准，对通过高标准节能认证的产品，由公益基金提供资金返还，也是一项不错的激励机制。

3) 节能资源是没有储存价值的“大众”资源

节能资源与煤炭、石油、天然气等自然赋存的公共资源不同，它是需求方的消费者自身拥有的潜在资源，这种资源一旦得以发掘，就会减少煤炭、石油、天然气等公共资源的消耗，成为供应方的一种替代资源。基于节能资源的这一“私有”属性，期望消费者参与节能减排的公益活动，需要采取以鼓励为主的节能推动措施，激发消费者投资能效去挖掘自身的节能潜力，为他们主动参与和自主选择适合自身需要的效率措施创造一个有利的实施环境，使节能付诸行动并落实到终端，并最终开发出节能资源。

4) 节能的难度是缺少克服市场障碍的有效办法

节能重在行动、贵在坚持，树立正确的节能理念，培育务真求实的节能意识是推动节能最积极的内在动力，它需要有激发人们节能内在动力的运作机制。节能不是工业、农业、商业、服务业盈利的主要目标，很难在会计账目上看到节能的货币价值；节能不是企事业主管关注的运营领域，节能也不是大众致富的来源。所以，人们对节能没有足够的热情，关注更多的是能够获得可靠的能源供应，实现他们需要的能源服务，很少能领悟到节能既

是一种收获，又是一份奉献。因此，节能的难度不是来自技术障碍，需要的是能够在日常活动中持续发挥作用的节能运作机制。

目前，我国有关建筑节能技术标准体系尚不够健全，还没有形成独立的体系，从而无法为建筑节能工作的开展适时提供全面、必要的技术依据。随着建筑节能工作的进展，迫切需要建立和完善建筑节能技术标准体系以促进我国的建筑节能工作健康、持续地发展。建立建筑节能监管体系，将建筑节能设计标准的监管进一步延伸至施工、监理、竣工验收、房屋销售等各个环节。规范节能认证标准并避免出现类似节能灯“节电不节钱”的现象，有效打击不法“伪节能”企业和产品，改变节能材料市场品牌杂、质量良莠不齐的局面等，仍然有很长的路要走。

7.1.2 施工节能的概念

一般来说，施工节能是指建筑工程施工企业采取技术上可行、经济上合理、有利于环境、社会可接受的措施，提高施工所耗费能源的利用率。目前，我国在各类建筑物与构筑物的建造和使用过程中，具有资源消耗高、能源利用效率低、单位建筑能耗比同等气候条件下的先进国家高出2～3倍等特点。近年来，党中央、国务院提出要建设节约型社会和环境友好型社会，作为建筑节能实体的工程项目，必须充分认识节约能源资源的重要性和紧迫性，要用相对较少的资源利用、较好的生态环境保护，实现项目管理目标，除符合建筑节能外，主要是通过对工程项目进行优化设计与改进施工工艺，对施工现场的水、电、建筑用材、施工场地等要进行合理的安排与精心组织管理，做好每一个节约的细节，减少施工能耗并创建节约型项目。

7.1.3 施工节能与建筑节能

音频1.施工节能与建筑节能的区别.mp3

所谓建筑节能，在发达国家最初定义为减少建筑中能量的散失，现在普遍定义为：“在保证提高建筑舒适性的条件下，合理使用能源，不断提高建筑中的能源利用率。”它所界定的范围指建筑使用能耗，包括采暖、空调、热水供应、炊事、照明、家用电器、电梯等方面的能耗，一般占该国总能耗的30%左右。随着我国每年以10亿平方米的民用建筑投入使用，建筑能耗占总能耗的比例已从2000年的约10%上升到2018年的30%左右。我国近期建筑节能的重点是建筑采暖、空调节能，包括建筑围护结构节能，采暖、空调设备效率提高和可再生能源利用等。

而施工节能是从施工组织设计、施工机械设备及机具以及施工临时设施等方面的角度，在保证安全的前提下，最大限度地降低施工过程中的能量损耗，提高能源利用率。二者属于同一目标的两个过程，有本质的区别。当节能被作为一件大事情提上全社会的议事日程时，很多人更多关注的是建筑物本身该如何节能，而在施工过程中的节能情况，则被大多数人所忽视。

7.1.4 施工节能的主要措施

制定合理的施工能耗指标，提高施工能源利用率。由于施工能耗的复杂性，再加上目前尚没有一个统一的提供施工能耗方面信息的工具可供使用，所以，什么是被一致认可的施工节能难以界定，这就使得绿色施工的推广工作进程十分缓慢。因此，制定切实可行的施工能耗评价指标体系已成为在建设领域推行绿色施工的瓶颈问题。

制定施工能耗评价指标体系及相关标准可以为工程达到绿色施工的标准提供坚实的理论基础；另一方面，建立针对施工阶段的可操作性强的施工能耗评价指标体系，是对整个项目实施阶段监控评价体系的完善，为最终建立绿色施工的决策支持系统提供依据。同时，通过开展施工能耗评价可为政府或承包商建立绿色施工行为准则，在理论的基础上明确被社会广泛接受的绿色施工的概念及原则等，可为开展绿色施工提供指导和方向。

合理的施工能耗指标体系应该遵循以下几个方面的原则。

(1) 科学性与实践性相结合原则。在选择评价指标和构建评价模型时要力求科学，能够切切实实地达到施工节能的目的以提高能源的利用率；评价指标体系的繁简也要适宜，不能过多过细，避免指标之间相互重叠、交叉；也不能过少过简而导致指标信息不全面而最终影响评价结果。目前，施工方式的特点是粗放式生产，资源和能源消耗量大、废弃物多，对环境、资源造成严重的影响，建立评价指标体系必须从这个实际出发。

(2) 针对性和全面性原则。首先，指标体系的确定必须针对整个施工过程并紧密联系实际、因地制宜，并有适当的取舍；其次，针对典型施工过程或施工方案设定统一的评价指标；最后指标体系结构要具有动态性。要把施工节能评价看作一个动态的过程，评价指标体系也应该具有动态性，评价指标体系中的内容针对不同工程、不同地点，评估指标、权重系数、计分标准应该有所变化。同时，随着科学的进步，不断调整和修订标准或另选其他标准，并建立定期的重新评价制度，使评价指标体系与技术进步相适应。

(3) 前瞻性、引导性原则。要求施工节能的评价指标应具有一定的前瞻性，与绿色施工技术经济的发展方向相吻合；评价指标的选取要对施工节能未来的发展具备一定的引导性，尽可能反映出今后施工节能的发展趋势和重点。通过这些前瞻性、引导性指标的设置，引导未来施工企业的施工节能发展方向，促使承包商、业主在施工过程中重点考虑施工节能。

(4) 具备可操作性原则。要求指标体系中的指标一定要具有可度量性和可比较性，以便于操作。一方面对于评价指标中的定性指标，应该通过现代定量化的科学分析方法加以量化，另一方面评价指标应使用统一的标准衡量，消除人为可变因素的影响，使评价对象之间存在可比性，进而确保评价结果的公正、准确。此外，评价指标的数据在实际中也应方便易得。

总之，在进行施工节能评价过程中，必须选取有代表性、可操作性强的要素作为评价指标。对于所选择的单个评价指标，虽仅反映施工节能的一个侧面或某一方面，但整个评价指标体系却能够细致地反映施工节能水平的全貌。

优先使用国家、行业推荐的节能、高效、环保的施工设备和机具，工程机械的生产成本除了原材料、零部件外，主要是生产过程中的电、水、气的消耗和人工成本。节能、降耗的目标也就相应明显，就是降低生产过程中的电、水、气消耗，并把产生的热量等副产品加以利用。从目前的节能技术和产品来看，国内在上述方面已经比较成熟。除了变频技术节电外，更有先进的利用节能电抗技术对电力系统进行优化处理。作为工程机械的终端用户，建筑企业在施工过程中应该优先使用国家、行业推荐的节能、高效、环保的施工设备和机具，淘汰低能效、高能耗的“老式”机械。

施工现场分别设定生产、生活、办公和施工设备的用电控制指标，定期进行计量、核算、对比分析，并有预防与纠正措施，建筑施工临时用电主要应用在电动建筑机械、相关配套施工机械、照明用电及日常办公用电等几方面。施工用电作为建筑施工成本的一个重要组成部分，其节能已经成为现在建筑施工企业深化管理、控制成本的一个有力窗口。根据建筑施工用电的特点，建筑施工临时用电应该分别设定生产、生活、办公和施工设备的用电控制指标，定期进行计量、核算、对比分析，并有预防与纠正措施。

在施工组织设计中，合理安排施工顺序、工作面以减少作业区域的机具数量，相邻作业区充分利用共有的机具资源。安排施工工艺时，应优先考虑耗用电能的或其他能耗较少的施工工艺，避免设备额定功率远大于使用功率或超负荷使用设备的现象。

按照设计图纸文件要求，编制科学、合理、具有可操作性的施工组织设计，确定安全、节能的方案和措施。要根据施工组织设计，分析施工机械使用频次、进场时间、使用时间等，合理安排施工顺序和工作面等，减少施工现场或划分的作业面内的机械使用数量和电力资源的浪费。安排施工工艺时，应优先考虑耗用电能的或其他能耗较少的施工工艺。例如：在进行钢筋的连接施工时，尽量采用机械连接以减少采用焊接连接。根据当地气候和自然资源条件，充分利用太阳能、地热等可再生能源。太阳能、地热等可再生能源的利用与否，是施工节能不得不考虑的重要因素，特别在日照时间相对较长的我国南方地区，应当充分利用太阳能这一可再生资源。例如：减少夜间施工作业的时间，可以降低施工照明所消耗的电能；工地办公场所的设置应该考虑到采光和保温隔热的需要，降低采光和空调所消耗的电能，地热资源丰富的地区应当考虑尽量多地使用地热能，特别是在施工人员生活方面。

因地制宜推进建材节约，要积极采用新型建筑体系，因地制宜、就地取材，推广应用高性能、低材耗、可再生循环利用的建筑材料。选材上要提高通用性、增加钢化设施材料的周转次数，少用木模，减少进场木材，降低材料资金的投入。如：推广应用 HRB500 级钢筋，直螺纹钢筋接头，减少搭接；优化混凝土配合比，减少水泥用量；做清水混凝土，减少抹灰量；推广楼地面混凝土一次磨光成活工艺等。要根据施工现场布置、工程规模大小，合理划分流水施工区域，将各种资源(包括人力资源、物资资源)充分利用。结合工程特点和在不影响工程质量的情况下，回收与利用被拆除建筑的建材与部品，合理利用废料，减少建筑垃圾的堆放、处理费用，现场垃圾宜按可回收与不可回收分类堆放。如：现场垃圾中不可避免地夹杂一些扣件、铁丝、钢筋头、可利用的废竹胶合板，要安排专人进行垃

圾的分类与回收利用。对于少量的混凝土及砌体垃圾要进行破碎处理，当作骨料进行搅拌，作为临时场地硬化的原料。办公、生活用房若使用活动房，墙体可采用保温隔热性能较好的轻钢保温复合板，提高节能效果，又可多次周转使用，节约材料。同时，要确定适用、先进的施工工艺，在施工时一次施工成功和水电管线的预埋到位，避免施工过程中多次返工和因工序配合不好造成的破坏及浪费建筑材料以节省费用。

采取有效措施节约用水，施工现场生活用水要杜绝跑、冒、滴、漏现象，使用节水设备，采用质量好的厚质水管进行水源接入，避免漏水。混凝土墙、柱拆模后及时进行覆盖保温、保湿、喷涂专用混凝土养护剂进行养护并避免用水养护。混凝土表面不存贮水分，避免养护时用水四处溢水、大量流失浪费。在节约生活用水方面，安排专人对食堂、浴室、储水设施、卫生间等处的用水器具进行维护，发现漏水，及时维修。生活区有进行植被绿化的，要尽量种植节水型植被，定时浇灌，杜绝漫灌。同时，要做好雨水收集和施工用水的二次利用，将回收的雨水和经净化处理的水循环利用，浇灌绿化植被、清洗车辆和冲洗厕所等。

合理布局强化利用施工场地，在设计阶段要树立集约节地的观念，适当提高工业建筑的容积率，综合考虑节能和节地，适当提高公共建筑的建筑密度，居住建筑要立足于宜居环境，合理确定住宅建筑的密度和容积率。施工阶段，施工的办公、生产用房要尽量减少，除必要的施工现场道路要进行场地硬化外应多绿化，营造整洁有序、安全文明的施工环境。道路的硬化可使用预制混凝土砌块，工程完工后揭掉运走，在下一个工地重复使用。要按使用时间的先后顺序，统筹分类堆放建筑材料，避免材料堆放杂乱无章；施工用材尽量不要安排在现场加工，减少材料堆放场地。建筑垃圾要及时清理、运走，腾出施工场地以免影响施工进度。

【案例7-1】

目前，我国经济发展水平不断提高，城市化水平不断加快，人民的生活水平也在不断地提高。同时，在经济发展的过程中和人们生活的过程中，对能源的浪费现象也越来越严重，在很大程度上加重了我国的能源危机，与我国可持续发展的战略方针明显不相符合。为了缓解我国的能源危机，维持生态平衡，要增强企业和人们的节能环保意识。房屋建筑施工企业的发展是我国经济发展的重要内容，与人们的生活密切相关，在房屋建筑施工的过程中应用节能技术，对于我国环保节能工作的开展具有重要的意义。

结合本小节内容，试分析建筑节能施工的主要措施有哪些？

7.2 机械设备与机具

一些常见的施工机械.pdf

7.2.1 建立施工机械设备管理制度

建筑施工企业是机械设备和机具的终端用户，要降低其能量损耗，提高其生产效率，

实现“能耗最低、效益最大”这一目标，首先应该管理好施工机械设备。机械设备管理是一门科学，是经营管理和技术管理的重要组成部分。随着建筑施工机械化水平的不断提高，工程项目的施工对机械设备的依赖程度越来越大，机械设备已成为影响工程进度、质量和成本的关键。机械设备的能耗占建筑施工耗能很大一部分比例，所以保持机械设备低能耗、高效率的工作状态是进行机械设备管理的唯一目标。

机械设备的管理分为使用管理和维护管理两个方面，机械设备的使用管理在大型工程项目的施工过程中，具有数量多、品种复杂且相对集中等特点，机械设备的使用应有专门的机械设备技术人员专管负责；建立健全施工机械设备管理台账，详细记录机械设备编号、名称、型号、规格、原值、性能、购置日期、使用情况、维护保养情况等，大型施工机械定人、定机、定岗，实行机长负责制，并随着施工的进行，及时检查设备完好率和利用率，及时订购配件，以便更好地维护有故障的机械设备；易损件有一定储备，但不造成积压浪费，同时做好各类原始记录的收集整理工作，机械设备完成项目施工返回时，由设备管理部门组织相关人员对所返回的设备检查验收，对主要设备需封存保管；另外，机械设备操作正确与否直接影响其使用寿命的长短，提高操作人员技术素质是使用好设备的关键。

对施工机械设备的管理，应制定严格的规章制度，加强对设备操作人员的培训考核和安全教育，按机械设备操作、日常维护等技术规程执行，避免由于错误操作或疏忽大意，造成机械设备损坏的事故。设备状况的好坏直接关系到经济技术指标的完成，首先应该加强操作人员的技术培训工作，操作人员应通过国家有关部门的培训和考核，取得相应机械设备的操作上岗资格；其次针对具体机型，从理论和实际操作上加强双重培训，只有操作人员掌握一定理论知识和操作技能后，才能上机操作；最后，加强操作人员使用好机械设备的责任心，积极开展评先创优、岗位练兵和技术比武活动，多手段培养操作人员刻苦钻研、爱岗敬业、竭诚奉献的精神也是施工机械设备管理过程中的重要一环。

7.2.2 施工设备的选择与使用

选择功率与负载相匹配的施工机械设备，避免大功率施工机械设备低负载长时间运行。施工机械设备容量选择原则是：在满足负荷要求的前提下，主要考虑电机经济运行，使电力系统有功损耗最小。对于已投入运行的变压器，由实际负荷系数与经济负荷系数差值情况即可认定运行是否经济，等于或相近时为经济，相差较大时则不经济。此外，根据负荷特性和运行方式还需考虑电机发热、过载及启动能力留有一定富裕度(一般在10%左右)。对恒定负荷连续工作制机械设备，可使设备额定功率等于或稍大于负荷功率；对变动负荷连续工作制设备，可使电机额定电流(功率、转矩)大于或稍大于恒定负荷连续工作制的等效负荷电流(功率、转矩)，但此时需要校核过载、启动能力等不利因素。

机电安装可采用节电型机械设备，如逆变式电焊机和能耗低、效率高的手持电动工具等，节电逆变式电焊机是一种通过逆变器提供弧焊电源的新型电焊机，这种电源一般是将三相工频(50Hz)交流网络电压，经输入整流器整流和滤波，变成直流，再通过大功率开关电

子器件(晶闸管 SCR、大功率晶体管 GTR、场效应管 MOSFET 或 IGBT)的交替开关作用，逆变成几赫兹到几十赫兹的中频交流电压，同时经变压器降至适合于焊接的几十伏电压，后经再次整流并经电抗滤波输出相当平稳的直流焊接电流。逆变式电焊机具有高效、节能、轻便和良好的动态特性，且电弧稳定，溶池容易控制、动态响应快、性能可靠、焊接电弧稳定、焊缝成形美观、飞溅小、噪声低、节电等特性。

机械设备宜使用节能型油料添加剂，在可能的情况下考虑回收利用，节约油量。节能型油料添加剂可有效地提高机油的抗磨性能，减轻机油在高温下的氧化分解和防止酸化，防止积炭及油泥等残渣的产生，最终改善机油质量并降低机油消耗。由于受施工环境和条件的影响，施工机械设备的燃油浪费现象比较严重，如果能够回收利用，既环保又节能，一举两得。国内外研究表明，现在对燃油甚至余热的回收利用技术已经比较成熟。

7.2.3 合理安排工序

合理安排工序要求进入施工现场后，要结合当地实际情况和公司的技术装备能力、设备配置等情况确定科学的施工工序，并根据施工图合理编制切实可行的机械设备专项施工组织设计。在编制专项施工组织设计过程中，要严格执行施工程序，科学安排施工工序，应用科学的计算方法进行优化，制订详细、合理、可行的施工机械进出场组织计划，以提高各种机械的使用率和满载率，降低各种设备的单位耗能。

7.3 生产、生活及办公临时场地

7.3.1 存在的问题

较为典范的施工临时场所.pdf

施工现场生产、生活及办公临时设施的建造因受现场条件和经济条件的限制，一般多是因陋就简，往往存在下列问题：规划选址不合理，由于没有比较严格的审批制度，建筑施工企业对临时设施的选址仅仅以方便施工为目的，有的搭设在基坑边、陡坡边、高墙下、强风口区域，有的搭建在地势低洼的区域，由于通风采光条件不好，场地甚至长期阴暗潮湿；保温隔热性能差、通风采光卫生条件差，职工办公、生活条件艰苦。研究表明，夏季室外气温在 38℃时，一些采用石棉瓦或压型钢板屋面的临时建筑，其室内温度达 36℃以上，工人们要到夜间零点以后才能进入宿舍休息；在冬季，当室外气温在 0℃时，室内气温在 5～6℃，夜间寒冷难忍往往采用明火取暖，这是引发火灾及一氧化碳中毒事故的重要原因。为了方便施工和降低工程直接成本，建筑施工企业在临时建筑的围护材料选用方面比较随意，如采用油毛毡、彩条布、竹篱片等作围护材料，不仅保温隔热性能差、增加能耗，而且容易发生火灾事故。

7.3.2 原因分析

思想上不够重视，建筑施工企业对临时建筑的重视程度不够是产生上述现象的根源，主要表现在：受传统的基本建设制度影响较深，片面强调节约成本“以人为本”思想淡薄；存在“临时”思想，认为使用时间短暂，不愿投入人力、物力和资金，对临时设施节能认识不足，建筑施工企业往往只计算临时设施的一次投入，忽略了由于临时设施设计不当而在使用过程中所耗费的能源和资金。针对这一原因，有人提出临时设施应作为流动资产管理与核算，把“临时设施”科目提升为一级会计科目，临时设施建设、使用消耗、拆除、报废等均通过该账户核算，其清理净损益直接冲减或增加服务工程的施工成本。

缺乏施工现场临时设施设计技术标准，使得临时设施的设计和施工验收无章可循。很长一段时间以来，我国并没有出台针对施工现场临时设施设计及施工验收规范，致使施工企业特别是中小型企业对临时设施的建设常常忽视。

7.3.3 解决办法

2007 年 9 月，建设部印发《绿色施工导则》，对生产、生活及办公临时设施的节能、环保提出了具体的要求，并要求各省、自治区建设厅，直辖市建委和国务院有关部门，结合本地区、本部门实际情况认真贯彻执行。

利用场地自然条件，合理设计生产、生活及办公临时设施的体形、朝向、间距和窗墙面积比，使其获得良好的日照、通风和采光。南方地区可根据需要在其外墙窗设遮阳设施。建筑物的体形用体形系数来表示，是指建筑物接触室外大气的外表面积与其所包围的体积的比值，其实质上是指单位建筑体积所分摊到的外表面积。体积小、体形复杂的建筑，体形系数较大，对节能不利；体积大、体形简单的建筑，体形系数较小，对节能较为有利。

我国地处北半球，太阳光一般都是偏南的，所以建筑物南北朝向比东西朝向节能。研究表明，东西向比南北向的耗热量指标增加 5%左右。窗墙面积比为窗户洞口面积与房间立面单元面积的比值。加大窗墙面积比，对节能不利，故外窗面积不应过大。在不同地区，不同朝向的窗墙面积比应控在一定范围。

临时设施宜采用节能材料，墙体、屋面使用隔热性能好的材料，减少夏季空调、冬季取暖设备的使用时间及耗能量。新型墙体节能材料(如孔洞率大于 25%非黏土烧结多孔砖、蒸压加气混凝土砌块、石膏砌块、玻璃纤维增强水泥轻质墙板、轻集料混凝土条板、复合墙板等)具有节能、保温、隔热、隔声、体轻、高强度等特点，施工企业可以根据工程所在地的实际情况合理选用，以减少夏季空调、冬季取暖设备的使用时间及耗能量。合理配置采暖、空调、风扇数量，规定使用时间，实行分段分时使用，节约用电。

7.3.4 临时设施中的降耗措施

音频 2.临时设施的降耗措施.mp3

1. 施工用电

施工用电除施工机械设备用电外，就是夜间施工和地下室施工的照明用电，合理安排施工工序，根据施工总进度计划，在施工进度允许的前提下，尽可能少地进行夜间施工作业，可以降低电能的消耗量。另外，地下室大面积照明均使用节能灯，以有效节约用电。所有电焊机均配备空载短路装置，以降低功耗。夜间施工完成后，关闭现场施工区域内大部分照明，仅留四周道路边照明供夜间巡视，可降低能耗，又减少施工对周围环境的影响。

2. 生活用电

针对施工人员生活用电的特点，规定宿舍内所有照明设施的节能灯配置率为100%；生活区夜间10:00以后关灯，夜间12:00以后切断供电，由生活区门卫负责关闭电源，在宿舍和生活区入口挂牌告知；办公室白天尽可能使用自然光源照明，办公室内所有管理人员养成随手关灯的习惯；下班时关闭办公室内所有用电设备，以上都是建筑施工企业降低施工生活用电能耗的重要措施。冬季、夏季减少使用空调时间，夏季超过32℃时方可使用空调，空调制冷温度≥26℃，冬季空调制热温度≤20℃。施工人员经常使用大功率电热器具做饭、烧水或取暖，造成比较大的能量消耗，而且造成火灾事故的情况时有发生。为了禁止使用大功率电热器具，要求在生活区安装专用电流限流器，禁止使用电炉、电饮具、热得快等电热器具，电流超过允许范围时立即断电，并且定期由办公室对宿舍进行检查，若发现违规大功率电热器具，一律进行没收处理并进行相关处罚。

3. 施工用水

采用循环水、基坑积水和雨水收集等作为施工用水，均是节约施工用水和降低能耗，甚至节约施工成本的主要措施。施工车辆进出场清洗用水采用高压水设备进行冲洗，冲洗用水可以采用施工循环废水。混凝土浇筑前模板冲洗用水和混凝土养护用水，均可利用抽水泵将地下室基坑内深井降水的地下水抽上来进行冲洗、养护。上部施工时在适当部位增设集水井，做好雨水的收集工作，用于上部结构的冲洗、养护，也是切实可行的节水措施。

4. 生活用水

节约施工人员生活用水的主要措施有：所有厕所水箱均采用手动节水型产品；冲洗厕所采用废水；所有水龙头采用延迟性节水龙头；浴室内均采用节水型淋浴；厕所、浴室、水池安排专人管理，做到人走水关，严格控制用水量；浴室热水实行定时供水，做到节约用电、用水。

5. 临时加工场

施工现场的木工加工场、钢筋加工场等均采用钢管脚手架、模板等周转设备料搭设，

做到可重复利用，减少一次性物资的投入量。

6. 临时设施的节约

现场临时设施尽量做到工具化、装配化、可重复利用化，施工围墙采用原有围墙材料进行加工，并且悬挂施工识别牌。氧气间、乙炔间、标养室、门卫、茶水棚等都是工具化可吊装设备。临时设施能在短时间内组装及拆卸，可整体移动或拆卸再组装用以再次利用，这将大大节约材料及其他社会资源。

【案例 7-2】

2011 年 5 月 21 日，额托克旗安利建筑工程有限责任公司上海庙项目部购买了一批钢筋运至施工现场旁边，项目部雇用了一辆吊车卸钢筋。17 时 20 分，吊车卸完了车上的两卷线材、四卷螺纹钢，项目部钢筋工负责人贾诚昀要求吊车司机将原来堆放在钢筋棚旁的卷线材往钢筋棚处移动吊车起重臂高过高压线，吊车司机谢成按照贾诚昀的指示将线材吊了起来，线材刚离开地面，吊起的线材开始摆动，在摆动中吊车的钢丝绳与高压线接触到了一起，扶线材的李献传被电流击倒在地上，后经医院抢救无效，死亡。

事故发生的直接原因是，吊车操作员谢成违章作业。在未经电力部门批准和未采取任何安全保护措施的情况下，操作超重机械进入 11kv 架空高压线的保护区进行违章作业，致使超重机械设备与高压线接触，超吊物带电造成事故。

间接原因是，施工单位未按施工平面布置图要求设置钢筋棚场地，将钢筋棚设置在危险区域(高压线下面)，属违规设置施工作业面，且未设置安全警示标志。

结合本章内容，思考避免以上事故发生的预防措施有哪些？

7.4 施工用电及照明

一些常见的施工用电设备.pdf

7.4.1 建筑施工现场耗电现状

调查表明建筑施工现场使用旧式变压器居多，甚至还有 20 世纪 60 年代的 SJ 系列老式变压器，其电能损耗大，而且建筑施工现场变压器的负荷变化大。建筑施工连续性差，周期变化大，同时与季节气候变化有关，用电有高峰有低谷。统计资料显示，工地变压器的年平均负荷一般都在 50%以下，变压器的空载无功功率占到满载无功功率的 80%以上，变压器在低负载时输出的有功功率少，但使用的无功功率并不减少，功率因数降低。同时，在施工高峰期变压器超负荷运行，短路电能损耗大；在施工低谷期变压器长期轻负荷或空负荷运行，空载电能损失惊人。

电动机的负载变化大，表现为建筑施工现场的电动机负荷变化很大，建筑机械用电量选择总以最大负载为准，实际使用时往往处在轻载状态。电动机在轻载下运行对功率因数影响很大，因为感应电动机空载时所消耗的无功功率是额定负载时无功功率的 60%～70%，加之建筑工地使用的电动机是小容量、低转速的感应电动机，其额定功率因数很低，其值约为0.7，其结果就造成了电能的无功消耗较大。

建筑施工现场大量使用电焊机、对焊机以及各种金属削切机床，而这些设备的辅助工作时间比较长，占全部工作时间的35%～65%，造成这些设备处在轻载或空载状态下运行，从而浪费了部分有功功率和大量的无功功率。电焊机、点焊机、对焊机等两相运行的焊接设备，其感应负载功率因数更低。建筑施工现场临时用电量的估算公式不尽合理，选择配电变电器容量大，不利于节约电能。建筑施工现场的用电设备大多是流动的，乱拉乱接的现象相当严重，使供电接线方式极不合理，线路过长，导线截面与负载也不配套，造成线路无功损耗增大，以致功率因数下降。

部分现场管理人员甚至个别领导对施工用电抱有临时观点，断芯、断股、绝缘层破损的旧橡皮线仍在工地上使用。在断芯、断股处往往产生电火花，消耗电能，也极易引起触电、火灾事故，给建筑施工企业造成不必要的经济损失和不良的社会影响。建筑施工现场单相、两相负载比较多，加上乱接电源线现象严重，造成三相负载不平衡，中性点漂移，便产生了中性线电流，中性线电耗大。

建筑施工现场低压电源铝线与变压器低压端子的连接大多不装铜铝过渡接线端子，直接将铝线绕在变压器铜质端子上，用垫圈、螺母紧固。显然，铝线与铜端子两种不同的材质在接触处产生电化学腐蚀加之接触面积也不够，造成接触电阻加大而发热，消耗电能，由于连接不可靠往往造成低压停电，甚至引起火灾。由于建筑施工现场管理不善，部分工地长明灯无人问津，白白浪费电能；建筑企业大量使用民工，一旦进入冬季，民工用电炉取暖也是屡见不鲜，既浪费电能又不安全。

7.4.2 施工临时用电的特点

建筑施工用电主要在电动建筑机械设备、相关配套施工机械、照明用电及日常办公用电等几方面。针对其用电特点，建筑施工临电配电线路必须具有采用熔断器作短路保护的配电线路。同时，出于对安全性的考虑，要求施工现场专用的中性点直接的电力线路中必须采用TNS接零保护系统。由于临电电压的不稳定性，临电配电箱负荷保护系统的设置也是必不可少的。对于施工现场极易引起火灾的特性，有施工现场照明系统的必须根据其实施照明的地点进行必要的设计。建筑施工用电的种种特性及其使用规定及要求，对建筑施工用电设计人员提出了一个艰巨的任务，同时作为建筑施工成本的一个重要组成部分，其节能已经成为现在建筑施工企业深化管理、控制成本的一个有力窗口。

7.4.3 合理组织施工及节约施工、生活用电

在节约施工用电方面要积极做好施工准备，按照设计图纸文件要求，编制科学、合理、具有可操作性的施工组织设计，确定安全、节约的用电方案和措施。要根据施工组织设计，分析施工机械使用频次、进场时间、使用时间，进行合理调配，减少施工现场的机械使用数量和电力资源的浪费。如塔吊进行大规模吊装作业时应尽量安排在夜间进行，避开白天

的用电高峰时段；施工用垂直运输设备要淘汰低能效、高能耗的老式机械，使用高能效的人货两用电梯合理管理，停机时切断电源；设置楼层呼叫系统，便于操作可避免空载。施工照明不要随意接拉电线、使用小型照明设备，操作人员在哪个区域作业时，就使用哪个区域的灯塔照明，无作业时灯塔要及时关闭。

在节约生活用电方面，办公及生活照明要使用低电压照明线路，可避免大功率耗电型电器的使用。办公照明白天利用自然光，不开或少开照明灯，采用比较省电的冷光源节能灯具，严格控制泛光照明，办公室人走灯熄，杜绝长明灯、白昼灯。夏季办公室空调温度设置应该大于 26℃，空调开启后关严门窗并间断使用。人离开办公室时空调应当及时关闭，减少空调耗电量，避免“开着窗户开空调”现象的发生。尽量减少频繁开启计算机、打印机、复印机等办公设备，设备尽量在省电模式下运行，耗电办公设备停用时随手关闭电源。

7.4.4 施工临时用电的节能设计

有条件的企业的施工临时用电应该进行节能设计，施工临时用电根据建筑施工用电的特点，建筑施工临时用电节能设计首先要设计合理的线路走向，避免重复线路的铺设，减少电能在传输过程中的损耗；其次是在配电箱的设计和选用等方面进行节能设计；再次是施工照明用电的合理布局和实施，既要有效地保证施工用电的照明亮度，又要在保证照明的情况下合理减少照明用设备等，以达到减少临电用量的目的。

临时用电优先选用节能电线和节能灯具，采用声控、光控等节能照明灯具，电线节能要求合理选择电线、电缆截面，在用电负荷计算时要尽可能算得准确，电线、电缆截面与保护开关的配合原则一般是：对于 25A 以下的保护开关，电线、电缆载流量应大于或等于保护开关整定值的 0.85 倍。对于 25A 以上的保护开关，电线、电缆载流量应大于或等于保护开关整定值的 1 倍，节约照明用电不能单靠减少灯具数量或降低用电设备的功率，要充分利用自然光来改善环境的反射条件，推广应用新光源和改进照明灯具的控制方式。

在施工灯具悬挂较高场所的一般照明，宜采用高压钠灯、金属卤化物灯或镇流高压荧光汞灯，除特殊情况外，不宜采用管形卤钨灯及大功率普通白炽灯。灯具悬挂较低的场所照明采用荧光灯，不宜采用白炽灯。照明灯具的控制可以采用声控、光控等节能控制措施。

临电线路合理设计、布置，临电设备宜采用自动控制装置，在建筑施工过程的初期，要对建筑施工图纸进行系统地、有针对性地分析施工各地点的用电位置及常用电点的位置。根据施工需要进行用电地点及设备使用电源的路线铺设，在保证工程用电就近的前提下避免重复铺设及不必要的铺设，减少用电设备与电源间的路程，降低电能传输过程的损耗。

照明设计以满足最低照度为原则，照度不应超过最低照度的 20%，建筑施工前根据图纸分析，确定施工期间照明的设置，根据规定的照明亮度等，在合理减少不必要浪费的情况下，减少照明消耗。避免出现双重照明及照明漏点。施工照明用电的设置应该合理安排施工工序，根据施工总进度计划，在施工进度允许的前提下，尽可能少地进行夜间施工。夜间施工完成后关闭现场施工区域内大部分照明，仅留必要的和小功率的照明设施。生活照明用电均采用节能灯，生活区夜间规定时间关灯并切断供电。办公室白天尽可能使用自然光源照明，办公室内所有的管理人员养成随手关灯的习惯，下班时关闭办公室内所有的用电设备。

建筑施工配电箱设计问题分析，在建筑施工初期，即要对建筑施工图纸进行系统地、有针对性地分析施工地点各用电位置及常用电点的位置设立供配电中间站，然后根据具体施工情况进行增加或减少配电点。在这里有一个安全性的问题需要注意，那就是配电箱的安全问题，必须遵守“三级控制、二级保护”“一机一闸一箱一漏电”的安全原则，以保证施工人员的人身安全及施工现场的防火安全，可减少不必要的损失。

建筑施工期间照明的合理布局，建筑施工前根据图纸分析，确定施工期间照明的设置，根据相关规定的照明亮度等，在合理减少不必要浪费的情况下减少照明消耗，并且避免出现双重照明及照明漏点。

7.4.5 临时用电应采取的节电措施

音频 3.临时用电的节电措施.mp3

1. 正确估算用电量并选好变压器容量

在选择变压器容量时，既不能选得过大，也不能选得过小。建筑工地施工用电大体上分为动力和照明两大类，或分为照明、电动机和电焊机三大类。目前有关施工用电量估算的计算公式繁多，有的公式并不尽合理，往往计算负荷不是偏大就是偏小，与实际负荷相去甚远，造成电能的无功损耗比重加大。从诸多的计算公式中筛选出如下两种公式进行施工用电量的估算比较切合实际：

$$S_{\mathrm{s}}=(1.05\sim1.10)\left(\frac{K_1\sum P_{\mathrm{D}}}{\cos\varphi}+K_2\sum S_{\mathrm{h}}\right)$$

$$S_{\mathrm{s}}=K_1\sum\frac{P_{\mathrm{D}}}{\eta\cos\varphi}=K_2\sum S_{\mathrm{h}} \tag{7-1}$$

式中，S_{s}——施工设备所需容量，kV・A；

$\sum P_{\mathrm{D}}$——全部电动机额定容量之和，kV・A；

1.05～1.10——容量损失系数；

K_1——电动机需要系数(含有空载运行影响用电量因素)，电动机在 10 台以内时取 K_1=0.7；11～30 台时取 K_1=0.6；30 台以上时，取 K_1=0.5；

K_2——电焊机需要系数，电焊机 3～10 台时取 K_2=0.6；10 台以上时，取 K_2=0.5；

$\cos\varphi$——电动机平均功率因数，施工现场最高取 0.75～0.78；一般建筑工地取 0.65～0.75；

η——电动机效率系数，平均在 0.75～0.9 之间，一般取 0.86；

S_{h}——单台电焊机额定容量，kV・A。

求得施工用电设备容量后，另加 10%照明用电，即是所需供电设备总容量。

$$S_{\mathrm{z}}\geqslant1.10S_{\mathrm{s}} \tag{7-2}$$

根据施工用电经验得知，如果在一个计算公式里同时采用 1.05～1.10 和η两个系数，一般所选用的配电变电设备容量偏大，因此不宜同时使用这两个系数。

2. 提高供电线路功率因数

一般来说，在交流电路中电压与电流之间相位差(常用 p 表示)的余弦叫作功率因数，即为 $\cos\varphi$，可见，功率因数是衡量电气设备效率高低的一个系数。功率因数低，说明电路用于交变磁场转换的无功功率大，降低了设备的利用率，增加了线路供电损失，所以提高施工临时用电供电线路功率因数也是一项好的节电措施。

目前建筑工地供电线路功率因数普遍偏低，据调查一般都在 0.6 左右，甚至更低。为了提高功率因数，可以从加强施工用电管理、尽量使用供电线路、布局趋于合理等方面采取措施；另一方面，在供电线路中接入并联电容器，采用并联电容器补偿功率因数以提高技术经济效益。

3. 平衡三相负载

建筑施工工地由于单相、两相负载比较多，为了达到三相负载平衡，必须从用电管理制度着手，在施工组织设计阶段就必须充分调查研究，根据不同的用电设备，按照负荷性质分门别类，尽量做到三相负载趋于平衡。用户接电必须向工地供电管理部门书面申请(注明用电容量和负荷性质)，待供电部门审批后，方能接在供电部门指定的线路上。平日不经供电部门允许，任何人不得擅自在线路上接电。值得一提的是，平衡三相负载是一项基本不需要付出任何经济代价就能取得较大实效的节电技术措施。

4. 降低供电线路接触电阻

导体间呈现的电阻称为接触电阻，目前供电线路中，大量使用的是铝与铝及铜与铝之间的连接增加了接触电阻。防止铝氧化简单而行之有效的办法是：在连接之前用钢丝刷刷去表面氧化铝，并涂上一层中性凡士林，当两个接触面互相压紧后，接触表面的凡士林便被挤出，包围了导体而隔绝了空气的侵蚀，防止铝的氧化。建筑工地上低压电源铝线与变压器低压端子连接大多不装铜铝过渡接线端子，往往将铝线直接箍在变压器铜质端子上用垫圈和螺母紧固即完。显然，因铝线与铜端子在接触时不断氧化，加之接触时面积也常常不够，这样就造成了接触电阻大而损耗大量电能。

近年来，一种行之有效的节电材料 DGI 型或 DJG 型电接触导电膏出现，大幅度提高了节电效果，在接触表面涂敷导电膏，不仅可以取代电气连接点(特别是铝材电气连接点)装接时所需涂敷的凡士林，而且可以取代铜铝过渡接头及搪锡、镀银等工艺。

5. 采用新技术、新装置来不断更新用电设备

新装置主要包括配电变压器、电动机和电焊机等，从配电变压器考虑：电力变压器的功率因数与负载的功率因数及负载率有关。在条件允许的地方最好采用两台变压器并联运行，或把生产用电、生活用电与照明分开，用不同的变压器供电。这样可以在轻负载的情

况下，将一部分变压器退出运行，可以减少变压器的损耗。同时，对旧型号变压器进行有计划有步骤的更新，以国家重点推广的节能产品 SL7、S7、S9 系列低损耗电力变压器来取代，在规划新的建筑工地变电所时，亦应尽可能选用 SL7、S7、S9 等低损耗节能变压器。

从电动机考虑：电动机是建筑施工现场消耗无功功率的主要设备，一般工地电动机所需的无功功率在总用电功率的 50%以上，甚至高达总用电功率的 70%。目前，建筑工地使用的电动机主要是 Y 系列和 Y2 系列，对新建项目应选用 YX、Y2E 系列高效节能电动机，其总损耗平均较 Y 系列下降 20%～30%。电动机的容量应根据负载特性和运行状况合理选择，应选用节能产品，如 Y 系列节能电动机，被国家列为淘汰的产品电动机应逐步更换为节能产品。目前，正在运行的电动机，如负载经常低于 40%，则应予更换。对空载率高于 60%的电动机，应加装限制电动机空载运行的装置。建筑工地使用的电动机，"Y—△"(星形—三角形)自动转换节电器能提高电动机在轻载负荷时的功率因数和功率，从而达到节电的目的。

建筑施工现场使用的电动机，经常处于轻重载交替或轻载下运行，功率因数和效率都相当低，电能损耗比较大。因此，除电动机的容量应根据负载特性和运行状况合理选择外，还应采取节电措施，对空载率高于 60%的电动机，应加装限制电动机空载运行的装置，JD1 型自动转换节电器能提高电动机在轻载时的功率因数和效率，节约有功电能 5%～30%，降低无功损耗 50%～70%；对工地用的水泵、通风机，由于流量变化较大，可采用变频调速节能等措施。

另外，一些电力电容器厂研制的交流电动机就地补偿并联电容器，为进一步推广低压电动机无功功率就地补偿技术创造了有利条件，也是当前适用于低压电网节能效果比较理想的一种实用技术。

从电焊机考虑：电焊机是工地常用的电气设备，由于间断工作，很多时间处在空载运行状态，往往消耗大量的电能。电焊机加装空载自动延时断电装置，限制空载损耗是一项行之有效的节电措施。据统计，对 17～40kV 交流电焊机，加装空载自动延时断电装置后，在通常情况下，每台焊机每天按 8h 计算可节约有功电能 5～8kW·h，节约无功电能 17～25kW·h，其投资可在 1～2 年内从节电效益中得到补偿。

7.4.6 加强用电管理，减少不必要的电耗

要克服临时用电"临时凑合"的观点，选用合格的电线电缆，严禁使用断芯、断股的破旧线缆，防止因线径不够发热或接触不良产生火花，消耗电能，引起火灾。临时用电必须严格按标准规范规定施工，安装接线头应压接合格的接线端子，不得直接缠绕接线，铜铝连接必须装接铜铝过渡接头，以克服电化学腐蚀引起的接触不良。

施工作业小组搭接电源必须向工地供电管理部门书面申请(注明用电容量和负载性质)，供电部门批准后按指定线路和接线处搭接电源，不经供电部门允许，任何人不得擅自在供电线路上乱拉、乱接电源。

制定临时用电制度，教育职工随手关灯，严禁使用电炉取暖、做饭，严禁使用土电褥子，保证既节电又安全。建筑施工现场电能浪费严重，目前大多数施工现场缺乏完善的节电措施。建筑企业应从临电施工组织设计开始，正确估算临电用量，合理选择电气设备，科学考虑设备线缆布置，重视临电安装，加强用电管理，从而快速地将施工现场电能浪费降到最小。

【案例 7-3】

节约能源是我国一项重要的经济政策，而节约电能不但能缓解国家电力供应紧张的矛盾，也是企业自身降低成本、提高经济效益的一项重要内容。在建设节约型社会的今天，建筑施工现场电能浪费仍很严重，同时也影响安全用电。

建筑施工现场使用旧式变压器多，甚至还有20世纪60年代的SJ系列老式变压器，电能损耗大。建筑施工连续性差，周期变化大，同时与季节气候变化有关，用电有高峰有低谷。建筑施工现场变压器的负荷变化大。工地变压器的年平均负荷一般都在50%以下，变压器的空载无功功率占满载无功功率的80%以上，变压器在低负载时，输出的有功功率少，但使用的无功功率并不减少，功率因数降低。同时在施工高峰期变压器超负荷运行，短路电能损耗大；在施工低谷期变压器长期轻负荷或空负荷运行，空载电能损失惊人。

结合本章内容，分析施工场地节约用电的具体措施有哪些？

本章小结

本章主要讲了施工节能的概念、施工节能与建筑节能的差异，以及在施工过程中具体的节能措施。施工节能是指建筑工程施工企业采取技术上可行、经济上合理、有利于环境、社会可接受的措施，提高施工所耗费能源的利用率。我国近期建筑节能的重点是建筑采暖、空调节能，包括建筑围护结构节能，采暖、空调设备效率提高和可再生能源利用等；而施工节能是从施工组织设计、施工机械设备及机具以及施工临时设施等方面的角度进行的。

实训练习

一、填空题

1. 施工节能的主要措施是制定合理的________，提高施工________。

2. 建筑施工企业是机械设备和机具的终端用户，要降低其________，提高其________。

3. 施工机械设备容量选择原则，在满足负荷要求的前提下，主要考虑电机________，使________有功损耗最小。

4. 采用循环水、基坑积水和雨水收集等作为施工用水，均是节约施工用水和________，甚至节约________的主要措施。

5. 接触对导体件呈现的电阻称为________。

二、选择题

1. 在建筑节能中，运用合同能源管理机制的突出优点是(　　)。
   A. 风险应对机制相对完善　　B. 效益回收期长
   C. 单位时间项目收益减少　　D. 能缓解建筑前期开发成本压力
2. 六类绿色建筑评价指标中，权重最大的是(　　)。
   A. 节地与室外环境　　B. 节能与能源利用
   C. 节水与水资源利用　　D. 节材与材料资源利用
3. 绿色建筑增量成本中贡献率最高的是(　　)。
   A. 节能增量成本　　B. 节材增量成本
   C. 节水增量成本　　D. 节地增量成本
4. 下列不属于节能技术的是(　　)。
   A. 通风采光设计　　B. 带热回收装景的送排风系统
   C. 太阳能光热系统　　D. 采用高性能材料
5. 可再生能源利用技术中不包括(　　)。
   A. 太阳能光热系统　　B. 太阳能光电系统
   C. 地源热泵系统　　D. 节能型灯具与照明控制系统

三、简答题

1. 简述施工节能的概念。
2. 简述临时设施中的降耗措施。
3. 简述临时用电应采取的节电措施。

第 7 章课后习题答案.docx

实训工作单

<table>
<tr><td>班级</td><td></td><td>姓名</td><td></td><td>日期</td><td></td></tr>
<tr><td>教学项目</td><td></td><td colspan="4">节能与能源利用</td></tr>
<tr><td>任务</td><td colspan="2">掌握不同施工场地的节能要求</td><td>方法</td><td colspan="2">查阅书籍、资料</td></tr>
<tr><td colspan="3">相关知识</td><td colspan="3">节能与能源利用</td></tr>
<tr><td colspan="3">其他要求</td><td colspan="3"></td></tr>
<tr><td colspan="6">查阅资料学习的记录</td></tr>
<tr><td>评语</td><td colspan="3"></td><td>指导老师</td><td></td></tr>
</table>

第 8 章　节地与施工用地保护

【教学目标】

- 掌握临时用地的管理。
- 掌握施工总平面布置的原则和内容。

【教学要求】

本章要点	掌握层次	相关知识点
临时用地的使用、管理	1. 了解临时用地的概念 2. 熟悉临时用地管理	1. 临时用地的范围 2. 临时用地目前存在的问题及管理
临时用地指标	1. 了解生产性临时设施 2. 熟悉行政、生活福利临时建筑	1. 生产性临时设施 2. 行政、生活福利临时建筑
施工总平面布置	1. 熟悉施工总平面布置的依据与原则 2. 熟悉施工总平面布置的内容 3. 熟悉临时设施布置	1. 施工总平面布置的依据与原则 2. 施工总平面布置的内容 3. 临时设施布置

【案例导入】

随着经济的迅速发展，国家对基础性设施建设力度不断加大，用地量大幅增加。近年来，全国土地利用变更调查资料显示，我国耕地面积正在不断减少，建设用地持续增加。除了建设项目所必需的永久用地外，临时用地量也十分可观，多数项目临时用地量占永久用地的 30%以上，部分超过了 70%～80%，有的还占用了部分耕地。

由于近年来环境的日益恶化以及人们对环境可持续发展认识的深入，使得人们对资源的利用有了新的认识。面对由于建设而不可回避地需要占用一定数量的土地，考虑到土地资源的不可再生，必须正确处理建设用地与节约用地的关系，提高土地利用率，实施土地资源的可持续发展。

(资料来源：《经济师》2012 年第 9 期.)

【问题导入】

根据本章内容，试阐述节约施工用地对施工节能的意义。

8.1 临时用地的使用、管理

临时用地的节约.pdf

8.1.1 临时用地的范围

临时用地是指在工程建设施工和地质勘察中，建设用地单位或个人在短期内需要临时使用，不宜办理征地和农用地转用手续的，或者在施工、勘察完毕后不再需要使用的国有或者农民集体所有的土地，不包括因临时使用建筑或者其他设施而使用的土地。

临时用地是临时使用而非长期使用的土地，在法规表述上可称为“临时使用的土地”。与一般建设用地不同的是：临时用地不改变土地用途和土地权属，只涉及经济补偿和地貌恢复等问题。

1. 与建设有关的临时用地

工程建设施工临时用地，包括工程建设施工中设置的建设单位或施工单位新建的临时住房和办公用房、临时加工车间和修配车间、搅拌站和材料堆场，还有预制场、采石场、挖砂场、取土场、弃土(渣)场、施工便道、运输通道和其他临时设施用地；因从事经营性活动需要搭建临时性设施或者存储货物临时使用土地；架设地上线路、铺设地下管线和其他地下工程所需临时使用的土地等。地质勘探过程中的临时用地，包括建筑地址、厂址、坝址、铁路、公路选址等需要对工程地质、水文地质情况进行勘测、勘察所需要临时使用的土地等。

2. 不宜临时使用的土地

临时用地应该以不得破坏自然景观、污染和影响周边环境、妨碍交通、危害公共安全为原则，下列土地一般不得作为临时用地：城市规划道路路幅用地，防汛通道、消防通道、城市广场等公用设施和绿化用地，居民住宅区内的公共用地，基本农田保护区和文物保护区域内的土地，公路及通信管线控制范围内的土地，永久性易燃易爆危险品仓库，电力设施、测量标志、气象探测环境等保护区范围内的土地，自然保护区、森林公园等特用林地和重点防护林地，以及其他按规定不宜临时使用的土地。

8.1.2 临时用地目前存在的问题

有的建设单位认为临时用地只要供需双方同意就行，没必要办理手续，更没必要上报相关主管部门，而是直接与土地使用权人或集体经济组织签订协议、使用土地。特别是重点基础设施工程项目，通常被视为促进地方经济发展的契机，一些地方在临时用地方面“一路绿灯”，甚至默许施工单位随意占用耕地。

在项目可行性研究阶段，缺乏临时用地特别是取、弃土(渣)用地方案，使得临时用地选址带有一定的随意性，对临时用地的数量缺乏精确计算，存在宽打宽用、浪费土地的现象。

在临时用地中，铁路、公路桥梁比重较大，工程建设时沿线设置的大量临时制梁场规模庞大，占用了相当数量的土地，由于场地经过重型机械长时间碾压，土质变得十分密实而根本无法复垦。水利水电项目施工期限一般会长达七八年，有的甚至超过十年，由于临时用地的期限过长，使得原来应修建的简易施工用房、设施用房提高了标准，临时用地无形中演变为实际上的建设用地。

8.1.3 临时用地的管理

统筹安排各类、各区域临时用地；尽可能节约用地、提高土地利用率；可以利用荒山的，不占用耕地；可利用劣地的，不占用好地；占用耕地与开发复垦耕地相平衡，保障土地的可持续利用。

1. 临时用地期限

依据《中华人民共和国土地管理法》的规定，使用临时用地应遵循依法报批、合理使用、限期收回的原则。临时用地使用期限一般不超过 2 年，国家和省重点建设项目工期较长的，一般不超过 3 年，因工期较长确需延长期限的，须按有关规定程序办理延期用地手续。

2. 临时用地的管理内容

在项目可行性研究阶段，应编制临时用地特别是取、弃土方案，针对项目性质、地形地貌、取土条件等来确定取、弃土用地控制指标，并据此编制土地复垦方案，纳入建设项目用地预审内容。对于生产建设过程中被破坏的农民集体土地复垦后不能用于农业生产或恢复原用途的，经当地农民集体同意后，可将这部分临时用地由国家依法征收。在项目施工过程中，探索建立临时用地监理制度，加强用地批后监管。用地单位和个人不得改变临时用地的批准用途和性质，不得擅自变更核准的位置，不得无故突破临时用地的范围；不得擅自将临时用地出卖、抵押、租赁、交换或转让给他人；不得在临时用地上修建永久性建筑物、构筑物和其他设施；不得影响城市建设规划、市容卫生，妨碍道路交通，损坏通信、水利、电路等公共设施，不得堵塞和损坏农田水系配套设施。

8.1.4 临时用地保护

音频 1.临时用地的保护措施.mp3

1. 合理减少临时用地

在环境与技术条件可能的情况下，积极应用新技术、新工艺、新材料，避开传统的、落后的施工方法，例如在地下工程施工中尽量采用顶管、盾构、非开挖水平定向钻孔等先进的施工方法，避免传统的大开挖，减少施工对环境的影响。

深基坑的施工应考虑设置挡墙、护坡、护脚等防护设施以缩短边坡长度。在技术经济

比较的基础上，对深基坑的边坡坡度、排水沟的形式与尺寸、基坑填料、取弃土设计等方案进行比选，可避免高填深挖。尽量减少土方开挖和回填量，最大限度地减少对土地的扰动来保护周边自然生态环境，认真勘察，引用计算精度较高以及合理、有效且方便的理论计算，制定最佳土石方的调配方案，在经济运距内充分利用移挖作填，严格控制土石方工程量。

施工单位要严格控制临时用地数量，施工便道、各种料场、预制场要结合工程进度和工程永久用地统筹考虑，尽可能设置在公共用地范围内。在充分论证取土场复垦方案的基础上，合理确定施工场地、取土场地点、取土数量和取土方式，尽量结合当地农田水利工程规划，避免大规模集中取土，并将取、弃土和改地、造田结合起来，有条件的地方要尽量采用符合技术标准的工业废料、建筑废渣填筑，减少取土用地。

在桥梁设计中宜采用能够降低标高的新型桥梁结构，降低桥头引线长度和填土高度。充分利用地形，认真进行高填路堤与桥梁、深挖路堑与隧道、低路堤和浅路堑等施工方案的优化，在道路建设中建设单位可以采取线路走向距离最短与控制路基设计高度等措施，优选线路方案以减少占用土地的数量和比例。

2. 红线外临时占地要重视环境保护

红线外临时占地要重视环境保护，不破坏原有自然生态，并保持与周围环境、景观相协调。在工程量增加不大的情况下，应优先选择能够最大限度地节约土地、保护耕地和林地的方案，严格控制占用耕地和林地，要尽量利用荒山、荒坡地、废弃地、劣质地，少占用耕地和林地。对确实需要临时占用的耕地、林地，考虑利用低产田或荒地便于恢复，工程完工后及时对红线外占地恢复原地形、地貌，使施工活动对周边环境的影响降至最低。

3. 保护绿色植被和土地的复耕

建设工程临时性占用的土地，对环境的影响在施工结束后不会自行消失，而是需要人为地通过恢复土地原有的使用功能来消除。按照“谁破坏、谁复垦”的原则，用地单位为土地复垦责任人，履行复垦义务。取土场、弃土(渣)场、拌和场、预制场、料场以及当地政府不要求留用的施工单位临时用房和施工便道等临时用地，原则上界定为可复垦的土地。对于可复垦的土地，复耕责任人要按照土地复垦方案和有关协议，确定复垦的方向、复垦的标准，在工程竣工后按照合同条款的有关规定履行复垦义务。

清除临时用地上的废渣、废料和临时建筑、建筑垃圾等，翻土且平整土地，造林种草，恢复土地的种植植被。对占用的农用地仍复垦作农田地，在对临时用地进行清理后，对压实的土地进行翻松、平整、适当布设土埂，恢复破坏的排水、灌溉系统。施工单位临时用房、料场、预制场等临时用地，如果非占用耕地不可，用地单位在使用硬化前，要采取隔离措施将混凝土与耕地表层隔离，以便于以后土地的复垦。因建设确需占用耕地的，用地单位在生产建设过程中，必须开展“耕作层剥离”，及时将耕作层的熟土剥离并堆放在指

定地点，集中管理以便用于土地复垦、绿化和重新造地，以缩短耕地熟化期，提高土地复垦质量，恢复土地原有的使用功能，利用和保护施工用地范围内原有绿色植被(特别在施工工地的生活区)，对于施工周期较长的现场，可按建筑永久绿化的要求兴建绿化。

【案例 8-1】

临时用地主要指国家建设工程项目施工过程中，需要临时用房、建筑材料堆场、构建预制场、运输道路和其他临时使用和占用的土地。按照《土地管理法》第五十七条规定："临时使用土地期限一般不超过两年。"工程项目施工，需要材料堆场、运输道路和其他临时设施的，应当尽量在征用土地范围内安排。确实需要另行增加临时用地的，由建设单位向土地行政主管部门提出临时用地数量和期限的申请，经批准后方可使用。但是，现实中因种种原因，工程建设中占用的大量临时用地都未严格依法办理临时用地审批手续，形成土地行政主管部门监管的真空地带。

临时用地主要存在以下问题。

1. 临时占用土地随意性大，缺乏科学合理规划。
2. 节约和合理利用土地(特别是耕地)的意识淡薄，浪费性大。
3. 临时使用土地补偿标准不统一四、土地复垦不到位。
4. 私自零星租赁用于临时建房问题。

结合本章内容，思考面对临时用地存在的问题，可行的保护措施有哪些？

8.2 临时用地指标

8.2.1 生产性临时设施

1. 临时加工厂面积参考指标(见表 8-1)

表 8-1 临时加工厂面积参考指标

混凝土搅拌站				
年产量/m³	3200	4800	6400	
单位产量所需建筑面积/(m²/m³)	0.022	0.021	0.020	
占地总面积/m²	按砂石堆场考虑			
备注	400L 搅拌机 2 台	400L 搅拌机 3 台	400L 搅拌机 4 台	
临时性混凝土预制厂				
年产量/m³	1000	2000	3000	5000
单位产量所需建筑面积/(m²/m³)	0.25	0.20	0.15	0.125
占地总面积/m²	2000	3000	4000	小于 6000
备注	生产屋面板和中小型梁柱板等，配有蒸养设施			

2. 现场作业棚面积参考指标(见表 8-2)

表 8-2　现场作业棚面积参考指标

名 称	木工作业棚	电锯房	钢筋作业棚
单位	m^2/人	m^2	m^2/人
面积/m^2	2	80(40)	3
备 注	占地为建筑面积的 2～3 倍	34～36in 圆锯 1 台(小圆锯 1 台)	占地为建筑面积的 3～4 倍

名 称	搅拌棚	卷扬机棚	烘炉房	焊工房	电工房
单位	m^2/台	m^2/台	m^2	m^2	m^2
面积/m^2	10～18	6～12	30～40	20～40	15

名 称	白铁工房	油漆工房	机、钳工修理房	立式锅炉房
单位	m^2	m^2	m^2	m^3/台
面积/m^2	20	20	20	5～10

名 称	发电机房	水泵房	空压机房(移动式)	空压机房(固定式)
单位	m^2/kW	m^2/台	m^2/台	m^2/台
面积/m^2	0.2～0.3	3～8	18～30	9～15

3. 现场机运站、机修间、停放场所面积参考指标(见表 8-3)。

表 8-3　现场机运站、机修间、停放场所面积参考指标

施工机械名称	所需场地/(m^2/台)	存放方式	检修间所需建筑面积	
			内容	数量/m^2
一、起重、土方机械类			10～20 台设 1 个检修台位(每增加 20 台增设 1 个检修台位)	200(增 150)
塔式起重机	200～300	露天		
履带式起重机	100～125	露天		
履带式正铲或反铲、拖式铲运机、轮胎式起重机	75～100	露天		
推土机、拖拉机、压路机	25～35	露天		
汽车式起重机	20～30	露天或室内		
二、运输机械类			每 20 台设 1 个检修台位(每增加 20 台增设 1 个检修台位)	170(增 160)
汽车(室内)	20～30	一般情况下室内不少于 10%		
汽车(室外)	40～60			
平板拖车	100～150			
三、其他机械类			每 50 台设 1 个检修台位(每增加 50 台增设 1 个检修台位)	50(增 50)
搅拌机、卷扬机、电焊机、电动机、水泵、空压机、油泵、少先吊等	4～6	一般情况下室内占 30%，露天占 70%		

说明：(1) 露天或室内视气候条件而定，寒冷地区应适当增加室内存放。

(2) 所需场地包括道路、通道和回转场地。

4. 仓库

1) 仓库的类型

转运仓库要设置在货物转载地点，如火车站、码头和专用线卸货场附近，用来转运货物。中心仓库或称总仓库，用以储存整个工程项目工地或地域性施工企业所需的材料，以及需要整理配套的材料，中心仓库通常设在现场附近或区域中心。现场仓库(包括堆场)、专为某项在建工程服务的仓库，一般均就近设置。加工厂仓库可专供本加工厂储存原材料和加工半成品、构件等的仓库，可设在加工厂附近。

2) 工地仓库的两种形式

不因自然条件而受影响的材料，如：砂、石、混凝土预制构件、脚手架钢管等，可露天堆放，其他材料可采取简易的半封闭式棚或封闭式棚。半封闭式(棚)，即简易仓库；封闭式(库房)，即用以堆放易受自然条件影响而发生性能、质量变化的物品，如金属材料、水泥、贵重的建筑材料、五金材料、易燃、易碎品等。

3) 工地物资储备量的确定

工地材料储备量一方面要保证工程施工的正常使用，另一方面要避免材料储存过多，造成仓库面积过大而增加投资。通常的储存量应该根据工程的现场条件、供应和运输条件来确定，如场地小、运输方便的可少储存；对于运输不便的，受季节影响的材料可多储存。

(1) 建筑群的材料储备量，一般按年或季度组织储备，按下式计算：

$$q_1=K_1Q_1 \tag{8-1}$$

式中，q_1——总储备量；

K_1——储备系数，一般情况下对型钢、木材等用量小或不常使用的材料取0.3～0.4，对砂、石、水泥、砖瓦、石灰、钢材等用量多的取0.2～0.3；特殊条件视具体情况而定；

Q_1——该项材料的最高年、季需要量。

(2) 仓库面积可用下式计算：

$$F=q_1P \tag{8-2}$$

式中，F——仓库面积，包括通道面积，仓库面积参考指标见表8-4；

P——每平方米仓库面积能存放的材料、半成品和成品的数量，见表8-4；

q_1——仓库材料储备量；

在设计仓库时，除确定仓库面积外，还要正确地确定仓库的平面尺寸，即仓库的长度，应满足装卸货物的需要或保证一定长度的装卸面，如钢筋仓库就应该是长条状的。

表 8-4　仓库面积参考指标

材料名称	钢材	工字钢、槽钢	角钢
单位	t	t	t
储备天数/d	40～50	40～50	40～50
每平方米储存量	1.5	0.8～0.9	1.2～1.8
堆置高度/m	1.0	0.5	1.2
仓库类型	露天	露天	露天
材料名称	钢筋(直筋)	钢筋(盘筋)	钢板
单位	t	t	t
储备天数/d	40～50	40～50	40～50
每平方米储存量	1.8～2.4	0.8～1.2	2.4～2.7
堆置高度/m	1.2	1.0	1.0
仓库类型	露天	棚或库约占 20%	露天

材料名称	钢管 Φ200 以上	钢管 Φ200 以下	钢轨	铁皮
单位	t	t	t	t
储备天数/d	40～50	40～50	20～30	40～50
每平方米储存量	0.5～0.6	0.7～1.0	2.3	2.4
堆置高度/m	1.2	2.0	1.0	1.0
仓库类型	露天	露天	露天	库或棚
材料名称	生铁	铸铁管	暖气片	水暖零件
单位	t	t	t	t
储备天数/d	40～50	20～30	40～50	20～30
每平方米储存量	5	0.6～0.8	0.5	0.7
堆置高度/m	1.4	1.2	1.5	1.4
仓库类型	露天	露天	露天或棚	库或棚

8.2.2 行政、生活福利临时建筑

行政、生活福利临时建筑是现场管理和施工人员所使用的临时性行政管理和生活福利建筑物。临时建筑物的面积可用下式计算：

$$S=NP \tag{8-3}$$

式中，S——建筑面积；

N——人数；

P——人均建筑面积指标。

行政、生活福利临时建筑参考指标，如表 8-5 所示。

表 8-5 行政、生活福利临时建筑参考指标

临时房屋名称		指标使用方法	参考指标/(m^2/人)	备注
办公室		按干部人数	3～4	①本表是根据全国收集到的具有代表性的企业、地区的资料综合； ②工作区以上设置的会议室已包括在办公室指标内； ③家属宿舍应以施工期长短和离基地情况而定，一般按高峰年职工平均人数的 10%～30%考虑
宿舍	单层通铺	按高峰年平均职工人数	2.5～3.0	
	双层床		2.0～2.5	
	单层床		3.5～4.0	
家属宿舍			16～25m^2/户	
食堂			0.5～0.8	
食堂兼礼堂			0.6～0.9	
医务室			0.05～0.07	
浴室			0.07～0.1	
理发室			0.01～0.03	
小卖部			0.03	
厕所			0.02～0.07	

说明：资料来源为中国建筑科学研究院调查报告、原华东工业建筑设计院资料及其他调查资料、建筑施工手册。

8.3 施工总平面布置

施工平面设计优化方案.pdf

8.3.1 施工总平面布置的依据与原则

1. 施工总平面布置的依据

音频 2.施工总平面图布置的依据.mp3

建设项目所在地区的原始资料，包括建设、勘察、设计单位提供的资料；建设项目建筑总平面图，要标明一切拟建和原有的建筑物，交通线路的平面位置，还有表示地形变化的等高线；建筑工程已有的和拟建的地下管道、设施布置图；总的施工方案、进度计划、质量要求、成本控制，资源需要计划以及储备量计划等。

建设单位可提供的房屋和其他设施一览表，工地需要的全部仓库和各种临时设施一览表；施工用地范围和用地范围内的水、电源位置，原有的排水系统；项目安全施工和防火标准等。

2. 施工总平面布置的原则

临时设施的位置和数量应既方便生产管理又方便生活，因陋就简、勤俭节约，在满足施工需要的前提下，本着节约用地和对施工用地的保护，现场布置紧凑合理，尽量减少施工用地，既不占或少占农田，还便于施工管理。科学规划施工道路，在满足施工要求的情况下，场内尽量布置环形道路，使道路畅通，运输方便，各种材料仓库依道路布置，使材

料能按计划分期分批进场。为了尽量减少临时设施，要充分利用原有的建筑物、构筑物、交通线路和管线等现有设施为施工服务；临时构筑物、道路和管线还应注意与拟建的永久性构筑物、道路和管线结合建造，并且临时设施应尽量采用装配式施工设施以提高其安拆速度。科学合理地确定并充分利用施工区域和场地面积，尽量减少专业工种之间的交叉作业，为便于工人生产和生活，施工区和生活区宜分开且距离要近，平面图布置应符合劳动保护、技术安全、消防和环境保护的要求。

8.3.2 施工总平面布置的内容

建设项目施工用地范围内地形和等高线，全部地上、地下已有和拟建的建筑物、构筑物、铁路、道路，还有各种管线、测量的基准点及其他设施的位置和尺寸，全部拟建的永久性建筑物、构筑物、铁路、公路、地上地下管线和其他设施的坐标网。整个建设项目施工服务的施工临时设施，包括生产性施工临时设施和生活性施工临时设施两类，其中生产性施工临时设施包括所有物料堆放位置与绿化区域位置，围墙与入口位置等，施工运输道路，临时供水、排水管线，防洪设施，临时供电线路及变配电设施位置；建设项目施工必备的安全、防火和环境保护设施布置。

8.3.3 交通线路

音频 3.施工总平面布置的内容.mp3

当大量物资由铁路运入工地时，应首先解决铁路由何处引入及如何布置问题。大型工业项目、施工作业区内一般都设有永久性铁路专用线，通常可将其提前修建，以便为工程施工服务，但由于铁路的引入将严重影响场内施工的运输和安全，因此，铁路的引入应靠近工地一侧或两侧，仅当大型工地分为若干个独立的工区进行施工时，铁路才可引入工地中央，此时铁路应位于每个工区的侧边。

当大批材料由公路运入工地时，由于公路布置较灵活，一般先将仓库、加工厂等生产性临时设施布置在最经济合理的地方，然后再布置场外交通的引入。

8.3.4 临时设施

施工现场的临时设施较多，这里主要是指施工期间为满足施工人员居住、办公、生活福利用房，以及施工所必需的附属设施而临时搭建或租赁的各种房屋，可根据工地施工人数以及施工作业的要求，计算这些临时设施的建筑面积。临时设施必须合理选址、正确用材，确保使用功能且使用方便，同时满足安全、卫生、环保和消防要求。

1. 临时设施的种类

办公设施，包括办公室、会议室、保卫传达室等；生活设施，包括宿舍、食堂、商店、厕所、淋浴室、阅览娱乐室、卫生保健室等；生产设施，包括材料仓库、防护棚、加工棚(如混凝土搅拌站、砂浆搅拌站、木材加工、钢筋加工、金属加工和机械维修)、操作棚；辅助

设施，包括道路、现场排水设施、围墙、大门、供水处、吸烟处等。

2. 临时设施功能区域划分

施工现场按照功能可划分为施工作业区、辅助作业区、材料堆放区和办公生活区等。施工现场以内的办公生活区应当与施工作业区、辅助作业区、材料堆放区分开设置，办公生活区与作业区之间设置标准的分隔设施，进行明显的划分隔离并保持安全距离，以免非工作人员误入危险区域。安全距离是指在施工坠落半径和高压线防电距离之外，建筑物高度为 2～5m，坠落半径为 2m；高度为 30m 时，坠落半径为 5m。1kV 以下的裸露输电线，安全距离为 4m；330～550kV 的裸露输电线，安全距离为 15m。如因条件限制，办公生活区设置在坠落半径区域内，必须采取可靠的防护措施。办公生活临时设施也不得设置在沟边、崖边、河流边、强风口处、高墙下以及滑坡、泥石流等灾害地质带上和山洪可能冲击到的区域。功能区的规划设置时还应考虑交通、水电、消防和卫生、环保等因素。

8.3.5 施工总平面设计优化方案

施工总平面布置方案的评价指标有：施工占地总面积、土地利用率、施工设施建造费用、施工道路总长度和施工管网总长度等。施工总平面图的布置虽有一个基本程序和原则，但实际工作中不能绝对化，对于设计出若干个不同的布置方案，通常需要在综合分析和计算的基础上反复修改，对每个可行的施工总平面布置方案进行综合评价，方能确定出一个较好的布置方案。

施工总平面设计优化方法包括场地分配优化法、区域叠合优化法、选点归邻优化法、最小树选线优化法等，是常用的施工场地平面设计优化计算方法，这几种简便的优化方法在使用中，还应根据现场的实际情况，对优化结果加以修正和调整，使之更符合实际要求。

场地分配优化法要求：施工总平面通常要划分为几块作业场地，供几个主要专业工程作业使用。根据场地情况和专业工程作业要求，某一块场地可能会适用一个或几个专业化工程使用，但一个专业工程只能占用一块场地，因此要以主要服务对象就近服务(运距最短)为原则，经过计算合理分配各个专业工程的作业场地，以满足各自的作业要求。

满足区域叠合优化法要求：施工现场的生活福利设施主要是为全工地服务的，因此它的布置数量和位置的确定应力求使用方便、组合线路最短并且合理，各服务点的受益大致均衡，确定这类临时设施的位置可采用纸面作业的区域叠合优化法。

选点归邻优化法要求：各种生产性临时设施如材料仓库、混凝土搅拌站等，各服务点的需要量一般是不同的，要确定其最佳位置必须要同时考虑需要量与距离两个因素，使总的运输数最小，即满足目标函数最小，也就是占地最少。

当道路没有环路时，选择优设场点相对简单，可概括为：道路没有圈，检查各个端，小半归临站，够半就设场。当道路有环路时，数学上已经证明，最优设场点一定在某个服务(需)点或道路交叉点上。因此，只能先假定每个服务点或道路交叉点为最优设场点，然后分别计算到每个服务点的运输吨公里数，最小者即为优设场点。

【案例 8-2】

随着建筑技术的发展，建筑工程趋向现代化施工，在建筑施工时，要求施工组织必须科学合理、节省成本、协调安排，施工组织必须寻找最佳的施工方法、组织计划，施工现场的平面布置图作为施工组织设计的重要部分，对施工计划具有十分重要的作用。

建筑安装过程中，需要将复杂、庞大的材料设备进行组合，为人类提供相应的功能服务建筑，要求各专业人员、建筑机械设备得到合理组织，协调建材与构配件的运输和生产，组织各类机械设备供应与保养，确保现场临时性需求供应，使施工现场的生活需求与生产需求的构筑物，要实现上述目标，必须科学设置现场施工的平面布置图，否则会导致施工成本增加。

结合本章内容，思考施工总平面图布置的原则和依据有哪些？

本章小结

临时用地是指在工程建设施工和地质勘察中，建设用地单位或个人在短期内需要临时使用，不宜办理征地和农用地转用手续的，或者在施工、勘察完毕后不再需要使用的国有或者农民集体所有的土地，不包括因临时使用建筑或者其他设施而使用的土地。施工总平面布置是对所有物料堆放位置与绿化区域位置，围墙与入口位置等，施工运输道路，临时供水、排水管线，防洪设施，临时供电线路及变配电设施位置进行布置；以及建设项目施工必备的安全、防火和环境保护设施布置。

实训练习

一、填空题

1. 工地仓库的两种形式：________或________。
2. 建设项目所在地区的原始资料，包括_______、_______、_______单位提供的资料。
3. 为便于工人生产和生活，_______和_______宜分开且距离要近。
4. 施工总平面布置方案的评价指标有：_______总面积、土地利用率、施工设施建造费用、施工道路总长度和_______总长度等。
5. 施工总平面设计优化方法包括_______优化法、区域叠合优化法、选点归邻优化法、_______选线优化法等。

二、简答题

1. 简述临时用地目前存在的问题。
2. 简述施工总平面布置的内容有哪些。

第 8 章课后习题答案.docx

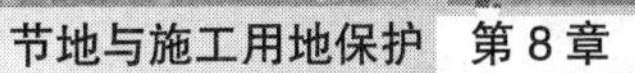

实训工作单

<table>
<tr><td>班级</td><td></td><td>姓名</td><td></td><td>日期</td><td></td></tr>
<tr><td colspan="2">教学项目</td><td colspan="4">节地与施工用地保护</td></tr>
<tr><td>任务</td><td colspan="2">掌握节地与施工用地保护的方法</td><td>途径</td><td colspan="2">查阅书籍、资料</td></tr>
<tr><td colspan="3">相关知识</td><td colspan="3">绿色建筑基本知识</td></tr>
<tr><td colspan="3">其他要求</td><td colspan="3"></td></tr>
<tr><td colspan="6">查阅书籍的学习记录</td></tr>
<tr><td>评语</td><td colspan="3"></td><td>指导老师</td><td></td></tr>
</table>

第 9 章　节水与水资源利用

【教学目标】

水与水资源利用.mp4

- 掌握如何提高水资源利用率。
- 掌握非传统水源在施工中的利用。
- 掌握高效安全用水。

【教学要求】

本章要点	掌握层次	相关知识点
提高用水效率	1. 了解我国水资源现状 2. 熟悉提高水资源利用率的措施	1. 水资源利用现状及问题 2. 提高水利用率的措施
非传统水源利用	1. 掌握什么是非传统用水 2. 熟悉在施工过程中非传统水资源的利用	1. 非传统水资源的概念及种类 2. 非传统水资源在施工中的利用
安全用水	1. 熟悉安全用水的方式及意义 2. 熟悉安全用水评价体系	1. 安全、高效地利用水资源 2. 水资源安全、高效利用的评价体系

【案例导入】

上海绿地汇创国际广场准甲办公室

建筑屋顶面积为 1326m，可利用雨水总量为 617.65m^2/d。将操作及设备间放在屋顶，同样占地 30m^2，要搭建 3m 高的工作间。同时放置 5m^3 的储水罐于 19 层，承接雨水，由潜水泵送至屋顶原水罐，经过净化处理后，用于室内景观水池。

按照上述的屋顶面积计算收集雨水量，一般收集期为 6～9 月，根据《建筑与小区雨水控制及利用工程技术规范》(GB 50400—2016)，上海多年平均降雨量为 11645mm/d，可利用雨水总量为 61765m^3 /d，根据绿化面积及景观补水用水情况，雨水设计用水量约 3m^3 /d。该体系运行正常，节水效果较好。

(资料来源：冷御寒. 绿色建筑与绿色新技术[M]. 中国建筑工业出版社，2008 年 10 月.)

【问题导入】

结合本章内容，思考在施工过程中节水措施有哪些？

9.1 提高用水效率

施工节水方法以及工程.pdf

9.1.1 水资源利用现状及问题

如前所述，我国人均水资源量约为2300m³，只占世界人均水平的1/4。据预测，到2030年我国人口将达到16亿，人均水资源量也将下降到1760m³，接近国际公认的用水紧张标准。可见，水资源短缺问题将会成为我国国民经济发展的一大制约因素。另一方面，我国工业万元产值耗水量平均为136m³，是发达国家的5～10倍；农业灌溉水的利用系数平均仅有0.45，发达国家则达0.7～0.8；全国多数用水器具和自来水管网的浪费损失在20%以上。这些数字表明，我国工业、农业等各部门的水资源浪费问题也不容忽视，为提出有效的节水和提高水资源利用效率的措施，首先将我国水资源的利用现状及问题作下列总结。

1. 水资源供求矛盾加剧

音频 1.我国水资源利用的主要问题.mp3

随着人口的持续增长、经济的高速发展、工农业和人民生活用水的持续增加，目前存在的水资源供求矛盾更趋激化，其主要表现如下。

(1) 需水量增长速度超过供水量的增长速度，导致供求总量不平衡现象加剧，供水状况趋于恶化。

(2) 北方地区和沿海工业发达地区等地域性水资源供求矛盾的加剧，将严重制约社会经济的发展。

(3) 巨大的人口压力迫使耕地灌溉用水量持续增加，而工业城市用水量也与日俱增，加剧了部门用水的矛盾。

2. 水价太低且利用效率不高

我国水价太低并没有反映水资源的稀缺程度。据统计，我国水费仅占工业产品成本比例的0.1%～0.3%和占居民消费支出的0.23%，但全国农业用水平均水价却占总供水成本的50%～60%。由此比例推算，2015年我国万元GDP用水量约为304m³(当年价)，而发达国家的万元GDP用水量一般在100m³以下。如果再考虑购买力等因素话，我国的万元GDP用水量则为发达国家的5～10倍。另一方面，由于水质要求的提高，相应的设施改造、升级成本的增加，使企业经营压力大，常年亏损并形成成本价格倒挂的局面。

我国各行业用水量持续增长，浪费大得惊人，主要表现在：我国正处于工业化初期阶段，生产设备陈旧，生产工艺落后，工业结构中新兴技术产业比重偏低，加上管理水平较低，绝大多数地区的工业单位产品耗水率高，且水的重复利用率低。据统计，我国的用水总量和美国相当，但GDP仅为美国的1/8；工业用水的重复利用率为30%～40%，而发达国家为75%～85%；农业灌溉技术落后，用水量大，水的利用系数较低。我国农村仍然习惯于大水漫灌的灌溉方式，新的灌溉技术推广进展缓慢。据推算，我国农田灌溉用水量3200多亿立方米，1m² 水产粮平均为1kg左右，而发达国家1m² 水产粮平均在2kg以上。不少学者研究指出，我国的农业用水若能采取有效节水措施，有望节约用水量近1000亿立方米，潜力十分巨大。此外，很多资料表明在我国城市建设、农村建设的过程中，除去正常的生活用水外，反复利用于施工过程中的水量很少。

3. 水资源过度开发造成对生态环境的破坏

据资料显示，2010年全国水资源的开发利用率为19.9%，不算很高，但地区间的水资源开发利用率分布很不平衡，有些内陆河的开发利用率超过了国际公认的合理限度40%。比如，北方地区，除松花江区外，各流域的水资源开发利用程度在40%～91%范围内，其中海河区当地水源供水量已连续多年超过平均水资源量。黄河、淮河、西北诸河区和辽河流域的开发利用量，已越来越接近其开发利用的极限，水资源的过度开发利用已引发了一系列生态环境问题。事实证明，只有保持水资源补充和消耗平衡，才能确保水资源的可持续利用和生态平衡，滥开乱采和过度利用会在一定地域范围内影响水环境乃至整个生态环境的平衡，进而加剧该地域范围内的水资源短缺局面。例如，由于地下水的持续超采，我国华北地区形成了世界上最大的“地下水漏斗”。伴随地下水漏斗的形成，还可能引发一系列环境问题：如铁路路基、建筑物、地下管道等下沉开裂，堤防和河道行洪出现危机；单井出水量减少，耗电量增加，采水成本逐年提高；浅井报废，井越打越深，形成恶性循环；海水入侵，地下水质恶化；城区地面下沉并影响城市建设等。

4. 水质污染严重

施工现场产生的污水主要包括雨水、污水两类，其中污水又分为生活污水和施工污水，传统的水资源管理是指在计划经济基础上的分块管理。该管理模式的缺陷主要体现在：管水源的不管供水，管供水的不管排污，管排污的不管治污，管治污的不管回用，施工现场的水资源利用率极低，从而导致严重的施工水体污染及浪费问题。

在社会用水效率不高、用水浪费的现象普遍存在、开源条件有限的情况下，要保障和实现水资源的可持续发展，唯一的出路就是要不断地提高用水效率，向效率要资源。把提高用水效率、保障国民经济和社会可持续发展摆在突出位置，是在贯彻党的十八届三中全会治水方针、立足我国水情、着眼未来发展的基础上提出的一项高瞻远瞩又切实可行的水资源战略，是党在新时期的治水思路的重要组成部分，是水利工作的关键所在。

9.1.2 提高水利用率的措施

音频2.提高水资源利用率的方法.mp3

要实现水资源的可持续利用，必须依靠科学的管理体制和水网的统一管理。能否实现水资源可持续利用主要取决于人类生产、生活行为和用水方式的选择，关键是强化水资源的管理和开发。因此，为解决日益严重的缺水和水污染问题，当务之急是加强水资源的统一管理问题，即从水资源的开发、利用、保护和管理等各个环节上综合采取有效的对策和措施。要提高用水效率，当前现实可行的途径就是在全社会，包括农业、工业、生活等各个方面广泛推行节水措施，积极开辟新水源，狠

抓水的重复利用和再生利用，协调水资源开发与经济建设和生态环境之间的关系，加速国民经济向节水型方向转变。其具体措施有：要做到控制施工现场的水污染；将节约用水和合理用水作为水管理考核的核心目标和一切开源工程的基础。当前节水的奋斗目标分解为以下几方面。

(1) 农业应减少无效蒸发、渗漏损失，提高单方水的生产率，达到节水增产双丰收。

(2) 工业应通过循环用水，提高水的重复利用率，达到降低单位产值耗水量和污水排放量。

(3) 城市应积极推广节水生活器具，减少生活用水的浪费。

要实现当前的节水目标，保证在农业、工业和民用部门实行有效的水资源管理，就要将节水和合理用水作为一项基本国策，并在必要时采取水资源的审计制度。同时，农业、工业和民用部门的水资源有效管理模式，还可以被施工领域的水资源管理工作效仿，从而推进施工领域水资源有效管理体制的形成，在施工过程中采用先进的节水施工工艺。例如，在道路施工时，优先采用透水性路面。因为不透气的路面很难与空气进行热量、水分的交换，缺乏对城市地表温度、湿度的调节能力，容易产生所谓的热岛现象，而且，不透水的道路表面容易积水，降低了道路的舒适性和安全性。透水性路面可以弥补上述不透气路面的不足，通过路基结构的合理设计起到回收雨水的作用，同时达到节水与环保的目的。因此，在城市推广实施透水路面，城市的生态环境、驾车环境均会有较大改善，并能推动城市中雨水综合利用工程的发展。

施工现场不宜使用市政自来水进行喷洒路面和绿化浇灌等，对于现场搅拌用水和养护用水应采取有效的节水措施，严禁无措施浇水养护混凝土。在满足施工机械和搅拌砂浆、混凝土等施工工艺对水质要求的前提下，施工用水应优先考虑使用建设单位或附近单位的循环冷却水或复用水等。施工现场给水管网的布置应该本着管路就近、供水畅通、安全可靠的原则，在管路上设置多个供水点，并尽量使这些供水点构成环路，同时考虑不同的施工阶段，管网具有移动的可能性。另外，还应采取有效措施减少管网和用水器具的漏损。

施工现场的临时用水应使用节水型产品，安装计量装置并采取针对性的节水措施。例如，现场机具、设备、车辆冲洗用水应设立循环用水装置；办公区、生活区的生活用水应采用节水系统和节水器具，提高节水器具配置比例。施工现场建立雨水、中水或可再利用水的搜集利用系统，使水资源得到梯级循环利用，如施工养护和冲洗搅拌机的水，可以回收后进行现场洒水降尘。

施工中对各项用水量进行计量管理，具体内容包括：施工现场分别对生活用水与工程用水确定用水定额指标，并实行分别计量管理机制；大型工程的不同单项工程、不同标段、不同分包生活区的用水量，在条件允许的条件下，均应实行分别计量管理机制；在签订不同标段分包或劳务合同时，将节水定额指标纳入合同条款，进行计量考核；对混凝土搅拌站点等用水集中的区域和工艺点进行专项计量考核。

充分运用经济杠杆及政府部门的调节作用，在整体上统一规划布局调度水资源，从而实现水资源的长久性、稳定性和可持续性，这就需要加强水资源的统一管理。首先，打破目前“多龙”管水、部门分割、各行其是、难以协调、部门效益高于国家利益的格局，建立权威的水资源主管部门，加强对水资源的统一管理，将粗放型水管理向集约型转变，将公益型发展模式向市场效益型转移。只有管好、用好、保护好有限的水资源，才能解决中国水资源的可持续开发利用问题。其次，采取加强节水知识的宣传教育、征收水资源费、调整水价、实行计划供水、取水许可制度等行政、法律和经济手段，有力地推动节水工作的开展。

值得一提的是，单就凭以上几点节水措施是远远不够的，要建立节水型社会，关键不是建筑节水技术的问题，而是人们的节水意识和用水习惯。因此，应该大力倡导人们将淡水资源视为一种珍稀资源，节约用水，促使人们真正有效地树立良好的节水观念。

【案例 9-1】

改革开放以来，中国工业得到快速发展，但“大量生产、大量消费、大量废弃”的粗放发展模式以牺牲环境和浪费资源换取眼前利益的短视行为，使环境质量遭受了空前的重创：沙漠化面积 174 万平方千米，90%以上天然草原退化、生物多样性减少，水土流失面积 356 平方千米，流经城市的河段普遍受到污染，水源、空气、土壤等污染日益恶化，水质性缺水呈现恶化趋势，对生态系统、食品安全、人类健康构成严重威胁。

结合本章内容，思考提高水资源利用率的措施有哪些？

施较为常见的雨水收集再利用.pdf

9.2 非传统水资源利用

9.2.1 非传统水资源的概念及种类

音频 3.非传统水资源的种类与利用.mp3

过去为提高供水能力，先是无节制地开发地表水，当江河流量不够时，接着筑水坝修水库；在地表水资源不足的情况下，人们又转向对地下水的开采；当发现地下水水位持续下降和地表水逐渐枯竭后，又开始了远距离调水工程。当发现，由于无节制地开发地表水，现在很多河流已出现季节性断流现象；由于地下水的超采，地下水位下降，地下水质退化，城市地面塌陷，沿海城市海水入侵等问题日益突出；远距离调水除面临基建投资和运行费用高昂，施工、管理困难等难题外，还面临着生态影响这一重要问题等一系列生态环境及经济负担问题时，我们会意识到这种着眼于传统水资源开发的传统模式，带给我们的后果是那么令人心痛。

因此，要想实现水资源可持续利用，必须改变既有的水资源开发利用模式。目前，世界各国对水资源的开发和利用已经将重点转向了非传统水资源，非传统水资源的开发利用正风起云涌。

非传统水资源的开发利用本是为了弥补传统水资源的不足，但已有的经验表明，在特定的条件下，非传统水资源可以在一定程度上替代传统水资源，甚至可以加速并改善天然水资源的循环过程，使有限的水资源发挥出更大的生产力。同时，传统水资源和几种非传

统水资源的配合使用，往往能够缓解水资源紧缺的矛盾，收到水资源可持续利用的功效。因此，根据当地条件和技术经济现状确定开发利用水资源的优先次序，采用多渠道开发利用非传统水资源来达到节水与效益双赢目的的水资源开发利用方法，近年来一直受到世界各国的普遍关注。

非传统水资源包括雨水、中水、海水、空中水资源等，这些水资源的突出优点是可以就地取材，而且是可以再生的。例如，美国加州建设的“水银行”，可以在丰水季节将雨水和地表水通过地表渗水层灌入地下，蓄积在地下水库中，供旱季抽取使用，我国西北部的农田水窖亦如此。再如，在美国、日本、以色列等国，厕所冲洗、园林和农田灌溉、道路保洁、洗车、城市喷泉、冷却设备补充用水等都大量使用中水，还有海水用作工业冷却水、生活冲厕水等。海水经过淡化后还可以用作生活饮用水。另外，对于降雨极少和降雨过于集中的地区，在适当的气候条件下进行人工降雨，将空中的水资源化作人间的水资源，也不失为开发水资源的又一条有效途径。可见，根据当地条件合理地开发利用各种非传统水资源，可以有效缓解水资源的紧缺现状。

9.2.2 非传统水资源在施工中的利用

随着水资源短缺和污染问题的日益突出，我国也越来越感觉到问题的严重性，由此在积极采取措施控制水污染和提高用水效率的基础上，加速非传统水资源的开发和利用将是缓解水资源短缺的最有效手段之一。为此，为加大非传统水资源在施工中的利用量，促进非传统水资源在施工领域的开发利用，《绿色施工导则》中明确提出要力争施工中非传统水资源和循环水的再利用量大于 30%，从各种非传统水资源的来源、可利用性等方面来探讨施工中非传统水资源的利用措施。

1. 微成水、海水利用

首先，我国具有优越的海水利用条件，但与发达国家海水利用量相比，我国海水利用量极少，我国有 18000 多 km 的大陆海岸线，大于 500km^2 的岛屿有 6500 多个，具有海水淡化和海水直接利用的有利条件。我国一些经济较为发达的沿海城市，如青岛、大连，在利用海水方面也有一定的经验，其他沿海城市也开始利用海水替代淡水，解决当地淡水资源不足的问题。但与发达国家相比，我国海水利用量仍然较少。据资料显示，2000 年美国海水利用量已达 823 亿立方米，2001 年日本海水利用量已达 160 多亿立方米，现在发达国家沿海工业的海水利用量已达 90%以上。如果我国也能充分利用优越的海水资源条件，大力开发利用海水资源，将可以大大缓解滨海城市的缺水问题。同时，若能在施工中充分利用城市污水和海水，变废为宝，也将会是一笔很丰厚的财富。

目前，我国海水利用方面的主要问题有：海水淡化产业规模小，海水淡化成本较高。海水淡化的成本已降到目前的 5 元/吨左右，但相对于偏低的自来水价格而言，仍然偏高，这是制约海水淡化发展的最直接和最主要的因素。从总体上讲，海水淡化产业化规模不够、市场需求量不大与较高的海水淡化水成本形成互为因果的恶性循环。与发达国家相比，我国海水利用及其技术装备生产缺乏相对集中和联合，技术攻关能力弱，低水平重复引进、研制多，科研与生产脱节现象严重。据资料显示，我国海水淡化日产量仅占世界的 0.05%；海水作冷却水用量仅占世界的 4.9%；海洋化学资源综合利用的附加值、品种和规模等方面与国外都有较大的差距；由于自来水价格比淡化海水价格要低，加上多年来我国海水利用的推广力度不够，没有明确的法律法规的约束，致使有条件利用海水的地区往往不会优先利用海水。我国的矿井水资源利用量也较低，据资料显示，目前我国每年矿井水排出量超过 20 亿立方米，而矿井水的利用率平均仅为 22%。

2. 推行雨水利用及中水回用

“中水”起名于日本，“中水”的定义有多种解释，在污水工程方面称为“再生水”，工厂方面称为“回用水”，一般以水质作为区分的标志，主要是指城市污水或生活污水经处理后达到一定的水质标准，可在一定范围内重复使用的非饮用水。但是，在利用再生废水的过程中，必须要注意水质的控制问题，需防止因为水质达不到要求而造成的不良影响。

1) 中水回用中存在的问题

我国中水回用工程起步晚，至今仍没有系统的规划及完善的中水系统，且现有的中水系统往往存在运行不正常、水质水量不稳定的现象。究其原因，主要是由于工艺、设备不过关，而且对系统的运行管理水平不高，致使出现问题时不能及时解决，从而使水质、水量发生较大的波动，甚至停产。

在实际工程中使用中水，并不比使用城市给水更经济。据调研发现，现有运行的中水设施普遍存在设施能力不能充分利用、运行成本过高的现象，有的总运行成本甚至高达 11.37 元/m^3，且其平均总运行成本也达 3.24 元/m^3，这就使价格成为推广中水回用的主要制约因素。当然，当前水价偏低也是造成中水回用成本相对较高，从而难以推广的重要因素之一。

中水回用水质标准太高，目前我国建筑中水回用执行的水质标准是现行的《城市污水再生利用 城市杂用水水质》(GB/T 18920—2002)，该标准中总大肠菌群的要求与《生活饮用水卫生标准》(GB 5749—2006)相同，比发达国家的回用水水质标准及我国适用于游泳区的Ⅲ类水质标准还要高，这一方面会使许多现有中水工程不达标，同时也限制了建筑中水工程的推广和普及。此外，人们对中水的认识存在误区，认为中水“不洁”，很多人对中水的卫生性、安全性等存有顾虑，在感情上无法接受中水，从而影响了中水的推广和普及。

2) 中水回用的发展前景

中水的水源较广，对建筑中水而言，其水源一般包括盥洗排水、沐浴排水、洗衣排水、厨房排水和厕所排水等，故基于城市缺水现状，中水回用工程是可以快速解决缺水问题的有效方法。中水回用既可以减少环境排污量及环境污染，又可以减少对水资源的开采，具有极高的社会效益和环境效益，对我国国民经济的持续发展具有深刻的意义。

根据水利部《21 世纪中国水供求》分析，2010 年后中等干旱年的缺水量已达 318 亿立方米，到 2030 年我国将缺水 400 亿～500 亿立方米。由此可见，积极开发和应用投资省、

见效快、运行成本低的中水回用处理技术，已经凸显为确保社会经济可持续发展的重大课题。因此，我们有理由相信在政策的正确引导下，合理调整城市给水和中水的价格关系，中水回用技术将会有越来越广阔的应用前景，中水工程的发展也一定能为缓解城市用水做出突出贡献。中水工程的发展需要以技术上的可靠性和经济上的合理性为前提条件。根据中水水源的不同，将其他地区中水回用的成功经验总结如下。

优先采用中水搅拌、中水养护，有条件的地区和工程注重雨水的收集和利用，雨水作为非传统水资源，具有多种功能。例如，可以将收集来的雨水用于洗衣、洗车、冲洗厕所、浇灌绿化、冲洗道路、消防灭火等，这样既节约现有水资源，又可以缓解水资源危机。另外，雨水渗透还可以增加地下水，补充涵养地下水资源，改善生态环境，防止地面沉降，减轻城市水涝危害和水体污染。

我国降雨在时间和空间上的分布都很不均匀，如果能采取有效措施，将雨季和丰水年的水蓄积起来，既可以起到防洪、防涝的作用，又可以解决旱季和枯水年的缺水之苦。但是，目前我国雨水利用技术的发展还处在探索阶段，雨水大部分由管道输送排走，只有少量雨水通过绿地和地面下渗，这样不但不能使雨水得到有效利用，还要为雨水的排放耗费大量的人力、物力。同时，还对城市水体和污水处理系统造成巨大压力。

国外对雨水的蓄积和利用的研究及应用已经有多年的历史，并取得了许多明显的成效，总结其蓄积和利用两方面的成功经验，大致可以归纳为下面几种。

从雨水蓄积方面来讲，其有效措施主要有：雨水蓄积设施应注重大、中、小相结合的方式；在城市和农村均发展雨水利用工程；在有条件的地方，发展地面水和地下水的联合调蓄，利用地下蓄水层形成大型的蓄水库，在雨季将雨水或从远距离调来的地表水灌入地下，旱季则从地下抽出使用。

雨水利用方面的成功经验，可以总结为雨水利用首先考虑雨水渗透与城市景观、广场、绿地及非机动车道路的规划设计相结合，并注重多种渗透技术综合利用。比如：在广场、停车场及非机动车道路采用透水铺装材料，埋地雨水管选用兼具渗透和排放两种功能的渗透管或穿孔管，设置与道路、广场相结合的下凹式绿地，采用景观贮留渗透水池、屋顶花园及中庭花园、渗井等技术措施，最大限度地增加雨水渗透量，减少径流雨量；在大型施工现场，尤其是雨量充沛地区的施工现场，建立雨水收集利用系统，充分收集自然降水用于施工和生活中适宜的部位。如通过雨落管、道路雨水口等或直接将降落至屋面、硬质地面的雨水排入绿地或透水性铺装地面以补给地下水，也可以将其收集到雨水收集到管线中；优先采用暗渠及渗水槽系统进行雨水收集和处理，且渗水槽内宜装填砾石或其他滤料；在收集系统中设置雨水初期径流装置和雨水调节池，经过初期径流池除去受污染较重的初期径流，进行沉淀和处理。处理后的雨水，可结合中水系统用于冲厕、洗车、空调、消防等，也可单独用于场地、道路冲洗，还可用于景观水体补水，多余的雨水径流溢流至市政管网直接排放。

在雨水利用过程中一定要注重水质的达标问题，能保证处理后的雨水水质可以达到相应用途的水质标准，而且在雨水作为景观水体补水时应在水系统规划中综合考虑水体平面

高程、竖向设计、水深等因素，科学地确定水体规模和水量平衡，同时，还应加强水体的自净能力以确保水生态系统的良性循环发展。

施工现场要优先采用城市处理污水等非传统水源进行机具、设备、车辆冲洗、喷洒路面、绿化浇灌等。据统计，2003年，我国城市和工业用水已超过1100亿立方米，扣除电力工业用水(按70%计算)，废污水排放量也达到577亿吨，即每天进入河道的废污水接近1.6亿吨。2010年，我国城市和工业用水高达1666亿立方米，废污水排放量达到717亿吨，即每天进入河道的废污水已接近 2 亿吨。而且这些污废水一般直接排入市政污水管网，不但浪费了大量的水资源，还大大增加了市政管网系统的排污压力。当前，我国的城市和工业用水量仍在继续增加，如果仍然将城市污水直接放入河道而不采取任何处理措施的话，我国水资源短缺及污染问题将会进一步加剧。若能将这些污水加以处理，变废为宝，使其达到环境允许的排放标准或污水灌溉标准，并广泛用于农业灌溉，施工机具、设备、车辆冲洗，路面喷洒，绿化浇灌等，不但可以起到治理水体污染的作用，还可以起到增加水源、解决农业缺水问题。

3)　中水利用的经济价值

雨水、污水处理作为中水水源，无疑增加了处理设施建设费、运行费和管道铺设费。但从长远来看，中水回用在经济方面也具有许多优越性，具体表现如下。

中水就近回用，缩短了运输距离，还可以减少城市供水和排水量，进而可以减轻城市给水排水管用的负荷，对投资总量而言是较为经济的；以雨水、污水作为水源，其开发成本比其他水源的开发成本低。据资料统计，中水处理工程造价约为同等规模上、下水工程造价的35%～60%；中水管道的维护管理费用要比上水、下水管道的维护管理费用低。这是因为，虽然随着上水、下水价格的提高，中水的成本逐步接近上水、下水水费，但是，使用 $1m^3$ 的中水就相当于少用 $1m^3$ 的上水，同时少排放接近 $1m^3$ 的污水。也就是说，从用水量方面来讲，使用 $1m^3$ 的中水将相当于 $2m^3$ 的上、下水的使用量，这就相对降低了中水的成本价格。

【案例9-2】

水资源短缺和水污染加剧是影响我国水资源可持续发展的主要因素之一，“开源”“节流”已经成为现代化绿色环保建筑的主流发展方向。节能与水资源利用不仅关系到建筑项目本身的安全卫生和节能高效的水资源利用率，同时也会影响到周围生态环境和在较低水资源负荷冲击下的可持续发展。科学地利用水资源，充分地利用雨水、再生水等水资源，可充分提高水资源的综合利用率，保护环境。雨水回用系统是一个水资源的动态平衡，合理地规划设计雨水回用系统，切实提高系统使用功效，使其发挥作用的功效至关重要。很多工程由于前期规划设计不合理，特别是雨水回用系统设计，各项设计参数不匹配等因素的影响，最终造成了雨水回用系统无法高效地运行，造成了水资源的巨大浪费。

结合本节内容，分析除了雨水回用，非传统水资源的利用方法还有哪些？

9.3 安全用水

9.3.1 安全、高效地利用水资源

水资源作为一种基础性自然资源和战略性经济资源，是一种人类生存与发展过程中重要且不可替代的资源。由于社会、经济发展中水资源的竞争利用、时空分配的不稳定性，人口增长和水污染造成的水质性缺水日趋严重等因素的影响，水资源在经济发展过程中所体现出来的经济价值不断增加，比其在人类公平生存权下所体现出来的公益性价值更为人们所关注。同时，水作为一种重要的环境要素，是地球表层系统中维护生态系统良性循环的物质和能量传输的载体，因此，水体对污染物质稀释、降解的综合自净功能，在保持和恢复生态系统的平衡中发挥着重要作用。

水是以流域为单元的一个相对独立、封闭的自然系统。在一个流域系统内，地表水与地下水的相互转化，上下游、左右岸、干支流之间水资源的开发利用，人类社会经济发展需求与生态环境维持需求之间等，都存在相互影响、相互支持的作用。为此，水资源开发利用的管理与水环境的保护之间也是相互依存、相互支持与相互制约的关系。直观地说，水环境安全是包括水体本身、水生生物及其周围相关环境的一个区域环境概念，以可持续发展的观点来看，水资源的开发利用与水环境的保护是水资源可持续利用的两个核心因素。水要保持其资源价值，就必须维持水量与水质的可用性、可更新与可维持性，并保证水资源各级用户的权益。因此，要维护水资源的可利用特性，必须对水量与水质进行充分的保护与有效的管理，将污水排放量限制在环境可承受的范围之内。

水环境的保护与管理通常是国家政府的一项公益或公共事业。就水环境的保护与管理和水资源的利用与管理间的相互关系来说，水环境保护事业的发展与管理职能很难像水资源的利用那样可以产生经济效益，在市场经济的推动下逐步走向市场，并在市场竞争机制的引导下，实现资源利用的优化配置与管理。在我国加入 WTO 之后，政府的管理职能从直接参与市场经营与管理职能向服务型职能转变，增强了对公共资产的监督与管理，包括加强水环境保护与管理的政府职能，逐步削弱了可转向市场化开发(如资源利用等)的参与和运作职能，在这种趋势下我国的现行水管理体制将面临新的改革与挑战。因此，有必要对现行的水保护与管理体制进行全面的分析与认识，厘清水资源管理与水环境保护的关系及其与主要部门间的关系，为建立高效率利用、超安全保护的水资源保障体系奠定基础。

9.3.2 水资源安全、高效利用的评价体系

水资源安全、高效利用的评价体系是一种以数学模型方法构造对水资源的开发利用及保护进行评价的模糊综合评价方法。在建立评价指标体系时，既要遵循完备性原则，又要反映地区的特点抓住主要矛盾。同时，为便于实用，该评价体系还应根据各地区的条件、

经济状况等各种因素制定出不同的浮价指标。

以下是一个描述水资源的安全、高效利用的实例，是根据南通地区的实际情况和资料状况，选取了五大方面、22 个指标建立的框架体系。

(1) 饮用水安全(A_1)影响因素：包括水源水质达标率、自来水普及率、缺水人口率，分别用 B_1、B_2、B_3 表示。

(2) 水资源利用效率(A_2)影响因素：包括城市节水综合定额、万元 GDP 用水量(m^3/万元)、防洪标准达标率、工业用水重复利用率、再生水回用率，分别用 B_4、B_5、B_6、B_7、B_8 表示。

(3) 水生态环境安全(A_3)影响因素：包括单位体积 COD 含量(mg/L)、废污水排放量占地表水量百分比(%)、工业废污水排放达标率、生态需水量占总资源量百分比(%)、生活与生产供水安全，分别用 B_9、B_{10}、B_{11}、B_{12}、B_{13} 表示。

(4) 水管理措施力度(A_4)影响因素：包括水资源统一管理制度、供排水检测计量措施力度、水资源调度、管理信息化实现及各类水价机制形成，分别用 B_{14}、B_{15}、B_{16}、B_{17} 表示。

(5) 社会经济效益(A_5)影响因素：包括水资源开发利用程度、农业亩均水资源量(m^3/亩)、人均日生活水资源量(m^3/人)、工业万元产值取水量(m^3/万元)及水资源供需平衡程度，分别用 B_{18}、B_{19}、B_{20}、B_{21}、B_{22} 表示。

经权重确定和评价，该地区的模糊综合评价结果为：水资源高效利用及安全状况隶属于超重警的隶属度为 0.3617，隶属于重警的隶属度为 0.1920，隶属于警戒的隶属度为 0.2055，隶属于微警的隶属度为 0.1313，隶属于无警的隶属度为 0.1095。

从安全和高效两个角度对水资源的利用问题进行深入研究，并据此编制有效的评价指标体系，对其水资源开发利用与保护进行如下分析及评价：随着人口的增长和经济社会的快速发展，我国水资源状况发生了重大变化，缺水范围扩大、程度加剧等水资源短缺的问题已充分暴露出来。而且，在很多地区，水资源短缺问题已经成为严重阻碍经济发展的主要因素，并直接影响了我国经济社会的可持续发展。因此，要缓解我国水资源短缺现状，实现水资源的可持续利用，必须采取以水资源的安全、高效利用为目标，以保水为前提，节流优先、治污为本，保护现有水源，多渠道开源，综合利用非传统水资源的方针。

另外，在非传统水资源和现场循环再利用水的使用过程中，还要建立有效的水质检测与卫生保障制度，以避免较差质量的水源对人体健康、工程质量及周围环境产生不良影响。

【案例 9-3】

2011 年 8 月 9 日上午，因饮用受污染的自来水，江西瑞昌裕丰村、庆丰村村民及工业园区西区一工地施工人员共 110 人中毒人数，其中，地处附近的市气象局工作人员几乎全部住院。这些中毒人员普遍出现了恶心、呕吐、腹痛腹泻等症状。中毒原因为饮用水铜、氯超标受污染，原因是一家铜冶炼企业内的自来水管网受到厂里原料、污水等腐蚀后，在夜晚水压低时被渗透污染。

结合本章内容，分析面对自来水污染问题，我们应如何采取措施保护水资源的安全？

本章小结

水资源作为一种基础性自然资源和战略性经济资源，是一种人类生存与发展过程中重要且不可替代的资源。非传统水资源包括雨水、中水、海水、空中水资源等，这些水资源的突出优点是可以就地取材，而且是可以再生的。随着水资源短缺和污染问题的日益突出，提高水资源利用率，使用非传统水资源，安全高效地使用水资源的重要性日益突出。

实训练习

一、填空题

1. 随着人口增长和经济社会的发展，水资源的需求量也在增加，水资源______矛盾日益突出。

2. 要实现水资源的可持续利用，必须依靠_______体制和水网的统一管理。

3. 要想实现水资源可持续利用，必须改变_______模式。

4. 非传统水资源包括_____________资源等，这些水资源的突出优点是可以就地取材，而且是可以______的。

5. 利用再生废水的过程中，必须要注意水质的______问题，需防止因为水质_______而造成的不良影响。

二、简答题

1. 简述我国水资源利用现状及问题。如何提高水源利用率？

2. 什么是非传统水资源？如何安全高效地利用水资源？

第9章课后习题答案.docx

实训工作单

<table>
<tr><td>班级</td><td></td><td>姓名</td><td></td><td>日期</td><td></td></tr>
<tr><td colspan="2">教学项目</td><td colspan="4">节水与水资源的利用</td></tr>
<tr><td>任务</td><td colspan="2">学会高效地利用水资源保证安全用水</td><td>方法</td><td colspan="2">参考书籍、资料</td></tr>
<tr><td colspan="3">相关知识</td><td colspan="3">节水与水资源的利用基础知识</td></tr>
<tr><td colspan="3">其他要求</td><td colspan="3"></td></tr>
<tr><td colspan="6">查阅资料学习的记录</td></tr>
<tr><td>评语</td><td colspan="3"></td><td>指导老师</td><td></td></tr>
</table>

第10章　节材与材料资源利用

【教学目标】

- 熟悉建筑节材措施。
- 熟悉建筑节能检测和诊断。
- 熟悉既有建筑节能改造。

【教学要求】

本章要点	掌握层次	相关知识点
节材措施	1. 了解建筑耗材现状及节材中存在的问题 2. 熟悉节约建材的主要措施	1. 建筑耗材现状及节材中存在的问题 2. 节约建材的主要措施
结构材料及围护材料	1. 熟悉结构支撑体系的选材及相应节材措施 2. 熟悉围护结构的选材及其节材措施	1. 结构支撑体系的选材及相应节材措施 2. 围护结构的选材及其节材措施
装饰装修材料	1. 了解装饰装修材料及其污染现状 2. 熟悉装饰装修材料有毒物质污染的防治现状 3. 装饰装修材料在施工中的节材措施	1. 常用的装饰装修材料及其污染现状 2. 建筑装饰装修材料有毒物质污染的防治现状 3. 建筑装饰装修材料在施工中的节材措施
周转材料	1. 熟悉什么是周转材料及现状 2. 熟悉周转材料治理措施	1. 周转材料的分类及特征 2. 周转材料治理措施

【案例导入】

后勤工程学院绿色建筑示范楼为一多功能的综合体建筑，主要承担学院外联等多种任务，是集教学、住宿、餐饮、办公、会议等功能于一体的综合性建筑。该建筑地上五层，地下一层，建筑平面采用“T”字形布局，钢筋混凝土框架结构。建筑占地面积为2489.7m^2，总建筑面积为11609m^2。示范楼于2011年1月开始施工，于2011年8月整体竣工并投入

使用。

使用当地生产建筑材料可以有效地减少材料运输过程中能源和资源的消耗，是保护环境的重要方法之一。示范楼尽可能多地使用了当地生产的建筑材料，努力提高就地取材生产的建筑材料所占的比例。施工前对材料清单进行统计，优先选择当地材料，并详细完善工程材料清单，其中在清单中标明材料生产厂家的名称、采购的重量、地址，并据此统计得出施工现场 500km 范围内生产的建筑材料质量，从而更好地减少了资源消耗。

在整个施工过程中产生的固体废弃物，如拆除的模板，废旧钢筋、渣土石块、木料等，为节约资源，提高材料利用率，管理方要求施工单位制订专项建筑施工废物管理计划，对上述建筑垃圾进行分类收集并最大化回收利用：如把废弃的模板铺设新修的道路；废旧钢筋、设备器材的包装纸箱、施工现场废弃的金属边角料等折价卖给废品收购站；木料加工产生的木屑回用于路面养护、包装回收等；用于修建工地临时住房、施工场址的外围护墙的墙砖，完工后再拆除用作铺路、花坛、造景等；废混凝土粉碎为粗集料用于地下室回填等。

(资料来源：《后勤工程学院学报》2013 年 05 期.)

【问题导入】

结合本章内容，思考施工过程中具体的节材与材料利用方式。

10.1 节材措施

10.1.1 建筑耗材现状及节材中存在的问题

常用的无机非金属建筑材料.mp4

1. 建筑耗材现状

1) 建筑材料资源消耗

建筑业发展的物质之一就是建筑材料。在房屋建设的工程项目中成本的 2/3 都是材料费用支出：建筑工程每年消耗的材料在全国总耗材中占有相当高的比例，水泥占有 70%，钢材占有 25%，木材占有 40%。我国水泥的产量占世界总产量的 50%左右。根据这些数据可以看出我国的建筑行业消耗的资源已经不容忽视，必须采取资源节约措施。除去以上资源，建筑行业对其他建筑材料的消耗也是非常巨大的。在 2012 年，我国轻钢龙骨的销售量在 80 万吨左右，玻璃的产量在 5 亿重量箱左右，纸面石膏板的消耗量在 4.6 亿平方米左右，在最近几年，我国化学材料得到了迅速的发展，生产了许多新的产品，在建筑领域主要有建筑防水材料、塑料管道、塑料门窗、建筑壁纸、建筑涂料、塑料装饰板、建筑胶粘剂、泡沫保温材料等化学材料。这些材料的巨量消费促使我国的塑料型材料的消耗量剧增，根据 2012 年的塑料消耗量 200 万吨推测，在未来的建筑市场上，塑料的消耗量将是一个惊人的天文数字。

2) 能源消耗

建筑行业是对天然的能源和资源消耗量最高、大气污染严重、破坏土地最多的行业之一，对不可再生资源的消耗也是很高的行业。建筑材料的原料有一大部分都是不可再生的天然矿物原料，一少部分来自工业固体废弃物。据统计，我国每年建筑材料生产消耗的各种矿产资源及能源大约是70亿吨，在这些矿产资源中有一大部分都是化石类和不可再生的矿石资源。水泥的消耗是我国不容忽视的严重问题。水泥是房屋建设不可缺少的材料之一，也是资源消耗最高的材料。我国已经连续19年水泥消耗位居世界第一，但是我国散装水泥的使用量却很低。水泥生产和应用的低散装率造成了我国资源的极大浪费。除此之外，由于水泥包装袋的破损以及袋内水泥的残留，大约造成3%以上的损耗，仅此我国每年就有4000万吨的水泥被浪费。

3) 土地资源消耗

随着我国城镇化建设的发展，涌现出许多中小城市。在这些中小城市的建筑建设中，大部分都在使用黏土砖，普遍使用低性能建材，对于可再生及循环建材的使用量相对较低，这就造成了大量的资源浪费。我国的人均资源比较贫乏，与发达国家相比我国的建筑耗材使用量巨大，对建筑垃圾等建筑废弃物的再使用比例较低，这也造成了资源的极大浪费，对环境的污染也比较严重。

4) 钢材消耗

建筑行业钢材耗材巨大也引发一系列其他问题。根据国家发改委的统计，2011年我国钢材的消耗量已经达到3.4亿吨以上。因为钢材的消耗量巨大，造成铁矿砂资源的紧张，不得不进口大量的铁矿砂。因为进口需求过大，国外的铁矿砂大幅涨价，进而消耗了大量的外汇。我国建筑行业钢材消耗量明显比发达国家高出很多，这就说明我国建筑行业对钢材的使用不合理，在一定程度上导致我国的钢材市场面临紧张的局势。

2. 节材中存在的问题

长期以来，由于我们对建筑节材方面关注较少，也没有采取过较为有效的节材措施，造成我国现阶段建筑节材方面存在着许多问题，主要体现在以下几个方面：建筑规划和建筑设计不能适应当今社会的发展，导致大规模的旧城改造和未到设计使用年限的建筑物被拆除；很少从节材的角度优化建筑设计和结构设计；高强材料的使用积极性不高，在钢筋总用量中HRB400钢筋的用量所占比例不到10%，C45等级以下混凝土用量约占90%，高强混凝土使用量比较少；建筑工业化生产程度低，现场湿作业多，预制建筑构件使用少；新技术、新产品的推广应用滞后，二次装修浪费巨大。据有关机构测算，我国每年因装修造成的浪费高达30多亿元，仅北京每年二次装修就有15亿元的浪费；建筑垃圾等废弃物的资源化再利用程度较低；建筑物的耐久性差，往往达不到设计使用年限；缺少建筑节材方面的奖罚政策。

音频 1.节约建材的主要措施.mp3

10.1.2 节约建材的主要措施

人类对材料、环境和社会可持续发展三者之间关系的探讨由来已久，“节材与材料资源合理利用技术领域”是重点推广的九个领域之一，是指材料生产、施工、使用以及材料资源利用各环节的节材技术，包括绿色建材与新型建材、混凝土工程节材技术、钢筋工程节材技术、化学建材技术、建筑垃圾与工业废料回收应用技术等。减少建筑运行能耗是建筑节能的关键，而建材能耗在建筑能耗中占了较大比例，故建筑材料及其生产能耗的降低是降低建筑能耗的有效手段之一。建筑保温措施的加强、节能技术和设备的运用，会使建筑运行能耗有所减少，但这些措施通常又会造成建筑材料及其生产能耗的增加，因此，减少建材的消耗就显得尤为重要。

设计方案的优化选择作为减少建材消耗的重要手段，主要体现在以下几个方面：图纸会审时审核节材与材料资源利用的相关内容，使材料损耗率比定额损耗率降低 30%。在建筑材料的能耗中，非金属建材和钢铁材料所占比例最大，约为 54%和 39%。因此，通过在结构体系，高强、高性能混凝土，轻质墙体结合，保温隔热材料的选用等设计方案的最优选择上减少混凝土使用量，在施工中应用新型节材钢筋、钢筋机械连接、免拆模、混凝土泵送等技术措施减少材料浪费，将不失为一种良好的节材途径。

在材料的选用上积极发展并推行如各种轻质高强建筑材料、高效保温隔热材料、新型复合建筑材料及制品、建筑部品及预制技术、金属材料保护(防腐)技术、绿色建筑装修材料、可循环材料、可再生利用材料、利用农业废弃植物生产的植物纤维建筑材料等绿色建材和新型建材。使用绿色建材和新型建材可以改善建筑物的功能和使用环境，增加建筑物的使用面积，便于机械化施工和提高施工效率，减少现场湿作业，且更易于满足建筑节能的要求。

根据施工进度、库存情况等合理安排材料的采购、进场时间和批次，减少库存以避免因材料过剩而造成的浪费。材料运输时，首先要充分了解工地的水陆运输条件，注意场外和场内运输的配合和衔接，尽可能地缩短运距，利用经济有效的运输方法减少中转环节；其次要保证运输工具适宜，装卸方法得当，以避免损坏和遗撒造成的浪费；再次要根据工程进度掌握材料供应计划，严格控制进场材料，防止倒料过多造成退料的转运损失；最后，在材料进场后应根据现场平面布置情况就近卸载，以避免和减少二次搬运造成的浪费。

在周转材料的使用方面应采取先进技术和有效的管理措施，提高模板、脚手架等材料的周转次数。要优化模板及支撑体系方案，如采用工具式模板、钢制大模板和早拆支撑体系，采用定型钢模、钢框竹模、竹胶板代替木模板的措施。

安装工程方面，首先要确保在施工过程中不发生大的因设计变更而造成的材料损失，其次要做好材料领发与施工过程的检查监督工作，再次要在施工过程中选择合理的施工工序来使用材料，并注重优化安装工程的预留、预埋、管线路径等方案。

在取材方面应遵循因地制宜、就地取材的原则，仔细调查研究地方材料资源，在保证材料质量的前提下，充分利用当地资源，尽量做到施工现场500km以内生产的建筑材料用量占建筑材料总重量的70%以上。

对于材料的保管要根据材料的物理、化学性质进行科学、合理的存储，防止因材料变质而引起的损耗。另外，可以通过在施工现场建立废弃材料回收系统，对废弃材料进行分类收集、贮存和回收利用，并在结构允许的条件下重新使用旧材料。

尽快进行节材型建筑示范工程建设，制定节材型建筑评价标准体系和验收办法，从而建立建筑节材新技术体系推广应用平台，以有序推动建筑节材新技术体系的研究开发、技术储备及新技术体系的推广应用。此外，我国的自然资源和环境都难以承受建筑业的粗放式发展，大力宣传建筑节材，树立全民的节材意识是建筑业可持续发展的必由之路。

【案例10-1】

建筑行业耗材巨大也引发了一系列的其他问题。根据国家发改委的统计，在2011年我国钢材的消耗量已经达到3.4亿吨以上。因为钢材的消耗量巨大，造成铁矿砂资源的紧张，不得不进口大量的铁矿砂。因为进口需求过大，国外的铁矿砂大幅涨价，进而消耗了大量的外汇。我国建筑行业钢材消耗量明显的比发达国家高出很多，这就说明我国建筑行业对钢材的使用不合理，在一定程度上使我国的钢材面临紧张的局势。

结合本节内容，思考施工过程中节约建材的主要措施有哪些？

10.2 结构材料及围护材料

根据房屋的构成和功能可以将建造房屋所涉及的各种材料归结为结构材料和围护材料两大类。结构材料构成房屋的主体，包括结构支撑材料、墙体材料、屋(楼、地)面材料；围护材料则赋予房屋以各种功能，包括隔热隔声材料、防水密封材料、装饰装修材料等。长期以来，我国的房屋建筑材料基本上是钢材、木材、水泥、砖、瓦、灰、砂、石；房屋的结构形式主要是砖混结构。砖混结构的特点是房屋的承重和保温功能都由墙体承担，因此，从南到北随着气候的变化，为了建筑保温的需要，我国房屋砖墙的厚度从24cm、37cm到49cm不等，每平方米房屋的重量也从1.0吨、1.5吨到近2.0吨变化。这样的房屋，即使有梁柱作支撑体，也被描述为“肥梁、胖柱、重盖、深基础”的典型耗材建筑。我国的砖混结构体系将承重结构和围护结构的两个功能都赋予了墙体，致使墙体的重量增加，占到了房屋总重的70%～80%，具有重量大、耗材多的特点。可见，选择一个合理的结构体系是节约主体材料的关键，且选定的结构体系一定要使其支撑结构和围护结构的功能分开。这样，结构支撑体系只承担房屋主承重的功能，为墙体选用轻质材料创造了条件，可大幅度地减轻墙体的重量，从而减轻了房屋的重量，房屋轻可节约支撑体和房屋基础的用材。

常用的无机非金属装修材料.mp4

房屋的主体结构是指在房屋建筑中由若干构件连接而成的能承受荷载的平面或空间体系，包括结构支撑体系、墙体体系和屋面体系，建筑物主体结构可以由一种或者多种材料

构成。用于房屋主体的建筑材料重量大、用量多，占材料总量的绝大部分，因此，节材的重点应该是构成房屋主体的材料，即结构的支撑材料、墙体材料和屋面材料等。

10.2.1 结构支撑体系的选材及相应节材措施

施较为常见的结构材料.pdf

如前所述，仅 2012 年我国钢材消耗量已达到 6.46 亿吨，其中建筑用钢材约占 60.5%；水泥产量也已达到 17.6 亿吨，占世界总产量的 55%左右。根据此水泥产量估算出的 2013 年我国建设工程的混凝土总消耗量约为 36 亿立方米。据《2013 年国民经济和社会发展统计公报》的数据显示，我国城乡建筑竣工面积已达 85.5 亿立方米，作为建筑材料的主体，混凝土用量约为 36 亿立方米。仅 2012 年国墙体材料生产总能力已超过 12000 亿块标准砖，其产量折标准砖达到 9000 亿块，其中新型墙体材料产量折标准砖 3500 亿块。

由此可以看出，要从结构支撑体系上减轻结构重量、节约建材消耗，就应该在传统结构材料的选用上做出改变。预计到 2019 年，全国新建建筑对不可再生资源的总消耗将比现在下降 10%；到 2020 年，新建建筑对不可再生资源的总消耗比 2019 年再下降 20%的目标。要实现上述目标主要从建筑工程材料应用、建筑设计、建筑施工等方面推广和应用节材技术。

1. 混凝土的节材措施

混凝土作为最主要的建筑材料之一，其发展也随着社会生产力和经济的发展而发展。“混凝土工程节材技术”主要包括：高强、高性能混凝土与轻骨料混凝土，混凝土高效外加剂与掺和料，混凝土预制构配件技术，混凝土修复技术、预拌混凝土及预拌砂浆应用技术和清水饰面混凝土技术。减少普通混凝土的用量并大力推行轻骨料混凝土。轻骨料混凝土是利用轻质骨料制成的混凝土，与普通混凝土相比，轻骨料混凝土具有自重轻、保温隔热、抗火、隔声好等优点。在施工过程中注重高强度混凝土的推广与应用，高强度混凝土不仅可以提高构件承载力，还可以减小混凝土构件的截面尺寸，减轻构件自重，延长其使用寿命并减少装修，还可获得较大的经济效益。另外，高强度混凝土材料密实、坚硬，其耐久性、抗渗性、抗冻性均较好，且使用高效减水剂等配制的高强度混凝土还具有坍落度大和早强的性能，施工中可早期拆模，加速模板周转，缩短工期，提高施工速度。因此，为降低结构物自重、增大使用空间，高层及大跨结构中常使用高强混凝土材料。国内外工程实践还表明，大力推广、应用高强钢筋和高性能混凝土，还可以收到节能、节材、节地和环保成效。

推广使用预拌混凝土和商品砂浆。商品混凝土集中搅拌，比现场搅拌可节约水泥 10%，使现场散堆放、倒放等造成砂石损失减少 5%～7%。根据国家发展的需要，我国已明确规定，直辖市、省会城市、沿海开放城市和旅游城市从 2003 年 12 月 31 日起，其他城市从 2005 年 12 月 31 日起，禁止在现场搅拌混凝土。但是，我国商品混凝土整体应用比例仍然较低，这也导致我国浪费了大量的自然资源。国内外的实践表明：采用商品混凝土还可提高劳动

生产率，降低工程成本，保证工程质量，节约施工用地，减少粉尘污染，实现文明施工。因此，发展和推广商品混凝土的使用是实现清洁生产、文明施工的重大举措。

逐步提高新型预制混凝土构件在结构中的比重，加快建筑的工业化进程。新型预制混凝土构件主要包括新型装配式楼盖、叠合楼盖、预制轻混凝土内外墙板和复合外墙板等。严格执行已颁布的有关装配式结构及叠合楼盖的技术规程，对于新型预制构件技术的采用，要认真编制标准图集和技术规程报主管部门批准，通过试点示范逐步在全国范围内推广。

进一步推广清水混凝土节材技术。清水混凝土又称装饰混凝土，属于一次浇注成型材料，不需要其他外装饰，这样就省去了涂料、饰面等化工产品的使用，既减少了大量建筑垃圾，又有利于保护环境。另外，清水混凝土还可以避免抹灰开裂、空鼓或脱落的隐患，同时又能减轻结构施工漏浆、楼板裂缝等缺陷。

采用预应力混凝土结构技术。据资料统计，工程中采用无黏结预应力混凝土结构技术，可节约钢材约 1/4、混凝土约 1/3，从而也在某种程度上减轻了结构自重。

2. 钢材的节材措施

钢筋的节材要求推广使用高强钢筋，减少资源消耗。如最近悄悄风靡建筑业的预应力混凝土钢筋(简称 PC 钢筋)，与普通螺纹钢筋不同，PC 螺纹钢筋的筋向内凹(普通螺纹钢的筋则向外凸)，是一种制作预应力混凝土构件的高强钢筋。这是因为 PC 钢筋能克服混凝土的易断性，并在预应力状态下经常给混凝土以压缩力，从而使混凝土的强度有较大增加。凹螺纹 PC 钢筋制造的建筑构件可节约钢材 50%，大大降低了工程造价，还可以缩短施工周期，故受到各种建筑工程的青睐，目前在国外得到了广泛使用。我国也应该向国际新型材料市场靠拢，积极推行性质优良的高强钢筋以减少钢材资源的消耗。

推广和应用高强钢筋与新型钢筋连接、钢筋焊接网与钢筋加工配送技术，保证建筑钢筋以 HRB400 为主，并逐步增加 HRB500 钢筋的应用量。通过这些技术的推广应用，可以减少施工过程中的材料浪费，并能提高施工效率和工程质量。优化钢筋配料和钢构件下料方案。钢筋及钢结构制作前应对下料单及样品进行复核，无误后方可批量下料，以减少因下料不当而造成的浪费。

钢结构的节材要求优化钢结构的制作和安装方法，大型钢结构宜采用工厂制作和现场拼装的施工方式，并宜采用分段吊装、整体提升、滑移、顶升等安装方法以减少用材量。另外，对大体积混凝土、大跨度结构等工程应采取数字化技术并对其专项施工方案进行优化。

10.2.2 围护结构的选材及其节材措施

音频 2.围护结构的节材措施.mp3

1. 保温外墙的选材

保温外墙要求具有保温、隔热、隔声、耐火、防水、耐久等功能，并满足建筑对其强度的要求，它对住宅的节材和节能都有重要的作用。我国幅员辽阔，按气候分为严寒、寒

冷、夏热冬冷和夏热冬暖四个气候区。为了节约采暖和制冷能耗，对其外墙热功能的要求分别为：前者以保温为主；中间两个区要求既保温，又隔热；后者则要求以隔热为主。

满足保温功能，做法比较简单，采用保温材料即可；隔热可选择的途径较多，除采用保温材料外，还可采用热反射的办法、热对流的办法等，或者是两者、三者的组合。因此，存在着一个方案优化问题：怎么做更有效、更经济，以及内保温和外保温两种做法如何选择等，不同气候地区的保温外墙构造也不能千篇一律。

近年来我国外墙外保温技术发展得很快，但大多数都是采用大同小异的结构层，即保温层增强聚合物砂浆抹面层的做法，应该说这种做法本身是可行的，但是否有一定的应用范围，加上有些不规范的外墙外侧的选材和施工，使其耐久性令人担忧。由于此项技术很重要，建议选择条件基本具备的高校、科研设计院所和企业，作为我国的保温外墙研发中心，有组织地根据不同的气候区的热功能要求，开发出一些优化的方案来引导我国的保温外墙健康发展。

2. 非承重内墙的选材

非承重内墙，特别是住宅分户墙和公用走道，要具有耐火、隔声和一定的保温功能和强度的功能。我国现有的非承重内隔墙，多以水泥硅酸盐和石膏两大类胶凝材料为主要组成材料，且可分为板和块两大类。板类中有薄板、条板，最近又在开发整开间的大板，品种有几十种之多，而其中能真正商品化的产品却寥寥无几，板缝开裂成了我国建筑非承重内墙的通病，因而对此材料也有一个优选的问题。

水泥强度高、性能好，是用途最广、用量最大的建筑材料，其年产量已突破 10 亿吨。但由于其生产能耗高，并排放与水泥等重量的二氧化碳，对环境造成了严重污染，早在 2003 年国家就对水泥实施了限产的政策，这就迫使我们思考国家建设需要的胶凝材料差额从何解决的问题。

研究和实践表明，虽然石膏胶凝材料的强度比水泥低，在流动的水中溶解度也较小，但由于其自身显著的优势，被认为是室内最好的非承重材料。石膏胶凝材料的优点主要表现在：重量轻，耐火性能优异；具有木材的暖性和呼吸功能；凝结时间短，特别适合大规模的工业化生产和文明的干法施工，符合建筑产业化的需要；生产节能、使用节材、可利废、可循环使用、不污染环境，符合国家可持续发展与循环经济的需要。建材情报所曾组织专家对现有的几十种墙体材料做了一次总评分，前三名分别是煤研石砖、纸面石膏板、石膏砌块，例如人口较多的美国和日本几乎 100%的非承重内墙都是选用纸面石膏板，这又一次证明石膏非承重内墙是住宅内墙最好的选择，它不仅符合国家的发展政策，符合建筑产业化的政策，也可填补国家建设对胶凝材料的需求。

3. 屋面系统的节材

我国的坡屋面较多，自 20 世纪 50 年代提出节约木材、提倡以钢代木后，便开始实施坡改平政策。故直到 20 世纪 90 年代，我国房屋基本都是平屋面。其实，坡屋面与平屋面相比，不仅重量大大轻于钢筋混凝土屋面，而且功能好，还能美化环境，故在建设部科技发展规划中，提出了要适当发展坡屋面，由于屋架问题没有很好地解决，坡屋面的发展比较缓慢，至今这个问题仍然存在。据国外介绍，采用轻钢屋架其用钢量比钢筋混凝土的配筋量还少，近年来我国开发引进钢结构技术、钢屋架的技术问题已经解决，为今后坡屋面的发展创造了条件。

4. 围护结构的节材措施

根据围护结构的保温、隔热、隔声、耐火、防水、耐久等功能要求和房屋建筑对其强度的要求及围护结构的用材现状，将其用材及施工方面的节材措施总结如下：门窗、屋面、外墙等围护结构选用耐候性、耐久性较好的材料。一般来讲，屋面材料、外墙材料要具有良好的防水性能和保温隔热性能，而门窗多采用密封性能、保温隔热性能、隔声性能良好的型材和玻璃等材料；当屋面或墙体等部位采用基层加设保温隔热系统的方式施工时，应选择高效节能、耐久性好的保温隔热材料，以减小保温隔热层的厚度及材料用量；屋面或墙体等部位的保温隔热系统采用专用的配套材料，以加强各层次之间的黏结或连接强度，确保系统的安全性和耐久性；根据建筑物的实际特点，优选屋面或外墙的保温隔热材料系统和施工方式，以确保其密封性、防水性和保温隔热性。例如，采用保温板粘贴、保温板干挂、聚氨酯硬泡喷涂、保温浆料涂抹等施工方式获得保温隔热的效果；加强保温隔热系统与围护结构的节点处理，尽量降低“热桥”效应。针对建筑物的不同部位的保温隔热特点，选用不同的保温隔热材料及系统以做到经济适用。

10.3 装饰装修材料

随着国民经济的快速发展，生活水准和生活质量的提高，人们对改善工作、生活和居住环境的需求和期望也日益强烈。因此近年来房屋装饰装修的标准、档次不断提高，并呈上升的趋势。装饰装修在建筑工业企业中也已形成了专门的行业，其完成产值占建筑业的比重也越来越大。

节材与材料资源利用.mp4

室内环境质量与人的健康具有非常密切的关系。然而，因使用建筑装饰装修和各种新型建筑装修材料造成居住环境污染、装修材料产生的污染物对人体健康造成侵害的事件却时有报道，民用建筑室内环境污染问题日益突出。随着大众环境意识、环保意识和健康意识的迅速提高，身体健康与室内环境的关系也越来越受到人们的重视。因此，从建筑装饰装修方面着力于绿色建筑、健康住宅的营造，也正成为越来越多的开发商、建筑师追求的目标。

建筑装饰装修是指为使建筑物、构造物内外空间达到一定的环境质量要求，使用装饰装修材料，对建筑物、构造物外表和内部进行修饰处理的工程建筑活动。绿色装修则指通过利用绿色建筑及装饰装修材料，对居室等建筑结构进行装饰装修，创造并达到绿色室内环境主要指标，使之成为无污染、无公害、可持续、有助于消费者营造健康的室内环境的施工过程。

绿色装修是随着科技发展而发展的，并没有绝对的绿色家居环境。提倡绿色装修的目的在于通过分析我国装饰装修业的现状及问题，采用必要的技术和措施将现在的室内装修污染危害降到最低限度。

10.3.1 常用的装饰装修材料及其污染现状

施较为常见的装饰装修材料.pdf

1. 常用的建筑装修材料

目前，我国建筑装修材料可分为有机材料和无机材料两类，这两类材料又有天然与人造之分，天然有机材料的使用越来越少，而人造板材、塑料化纤制品越来越多。例如，常用的无机非金属建筑材料有砂、石、砖、水泥、商品混凝土、预制构件、新型墙体材料等；常用的无机非金属装修材料有石材、建筑卫生陶瓷、石膏板、吊顶材料等；常用的人造板材和饰面人造板有胶合板、细木工板、刨花板、纤维板等；常用的溶剂型涂料有醇酸清漆、醇酸调和漆、醇酸磁漆、硝基清漆、聚氨酯漆等；以及胶粘剂、防水材料、壁纸、地毯等。

2. 建筑装修材料中的有毒物质及其来源

建筑装修材料中的有毒物质多达千种，对人体健康危害较大的有甲醛、苯、氨、总挥发性有机化合物(TVOC)和氢等。

甲醛主要来源于用作室内装修的胶合板、细木工板、中密度纤维板和刨花板等人造板材、化学地毯、泡沫塑料、涂料、黏合剂等；苯经常被用作装饰材料、人造板家具的溶剂，同时，也大量存在于各种建筑装修材料的有机溶剂中，如各种油漆的添加剂和稀释剂；氨主要来自建筑施工中使用的混凝土外加剂及以氨水为主要原料的混凝土防冻剂；总挥发性有机化合物(TVCO)主要是人造板、泡沫隔热材料、塑料板材、壁纸、纤维材料等材料的产物；氢有放射性，是镭、钍等放射性蜕变的产物，主要来自建筑装修材料中某些混凝土和天然石材，如石材、瓷砖、卫生洁具、墙砖等。

3. 建筑装修材料中有毒物质的危害

建筑装修材料在生产、使用及废弃阶段均对居民健康危害较大，考虑现代人有 80%以上的时间是在室内度过的，婴幼儿、老弱病残者在室内的时间更长，故使用阶段危害尤甚。建筑装修材料中有毒物质对人体的伤害原理基本相同，即当有毒物质释放后，被人体组织吸收，然后通过血液循环扩散到全身各处，时间久了便会造成人的免疫功能失调，使人体组织产生病变，从而引起多种疾病。如果人们在通风不良的情况下，短时间内吸入有毒气体，还会引起急性中毒，严重的会出现呼吸衰竭、心室颤动甚至死亡。

10.3.2 建筑装饰装修材料有毒物质污染的防治现状

1. 加快制定和修改建材环保标准

21 世纪是以研究开发节能、节资源、环保型的绿色建材为中心，以研究和开发节省资

源的建筑材料、生态水泥、抑制温暖化建材生产技术、绿化混凝土、家具舒适化和保健化建材等为主题的时代。而目前我国建筑和装饰材料原有的环保标准已不能适应建材市场的发展和人们健康生活的需求。为此，必须加快我国制定和修改绿色建材有关环保标准的步伐，加大开发和生产绿色建材的投入，从而实现向国际高标准靠拢的目标，其主要途径有：引进国外新型无污染的环保建材生产技术，或者与外企合作开发生产无污染的环保建材；吸收国外的先进技术并组织攻关研制和开发国产新型无污染的环保建筑及装饰材料。

2. 采取措施将室内污染降至最低限度

研究和制定建材室内污染的评价标准和方法，我国对于建筑和装饰材料导致室内污染的评价还处于摸索阶段，尚未制定系统的建筑和装饰材料导致室内污染的评价标准和方法。为有效减少建筑和装饰材料导致室内污染对人体的伤害，提高人们的健康水平，必须加快研究步伐，在尽可能短的时间内制定出一套系统的建筑和装饰材料导致室内污染的评价标准和方法。

施工控制措施要控制装修材料的进场检验，检验合格后方可使用；要注重对施工过程中产生的有害物质的控制，如禁止在室内使用有机溶剂清洗施工用具，禁止使用苯、甲苯、二甲苯和汽油等有害物质进行除油和清除旧涂料，涂料、胶粘剂、水性处理剂、稀释剂和溶剂使用后应及时封闭存放，施工废料应及时清出室内等；除要控制施工过程设计选用的主要材料的使用外，还应注重控制多种辅助材料的使用，如应该严禁使用苯、工业苯、石油苯以及混合苯作为稀释剂和溶剂。另外，还要注重对室内环境质量验收的控制，禁止入住不符合国家相关标准的房间。

3. 制定装修工厂化的技术及管理政策

在装饰装修材料方面，继续推广塑料门窗与复合材料门窗、塑料管道及复合管道、新型建筑防水材料、新型建筑涂料等。通过推广和应用化学建材技术，不断提高化学建材的应用技术水平，使优质产品进一步得到市场的认可，提高优质产品的市场占有率。

4. 加大环保宣传力度

建筑装修材料有毒物质带来的生态环境污染以及室内空气污染，与人们的生活质量和身体健康息息相关，必须在全社会继续进行广泛的宣传教育，促进全社会共同关注建筑装修材料有毒物质的污染问题，引导人们充分认识有毒物质的来源、危害及防护措施。

【案例 10-2】

随着社会科学技术的进步，不断会有新的科研成果转化成新的产品，不断会有新的施工机具和施工技术进入建筑装饰行业，使建筑装饰行业在材料生产、工程设计、施工技术等方面发生重大变化，引发建筑装饰行业的高科技技术革新。根据建筑装饰行业发展和国家可持续发展战略目标的要求，建筑物的装饰材料的内容也会发生变化，环保化、节能化等将成为重要的内容。因此，对建筑装饰工程的安全、环保、节能会作为未来技术发展重

点突破的领域。

在全球范围内重视生态、注重环境保护的大背景下，我国社会对环保、节能与人类健康的重视程度也在不断提高。建筑装饰材料行业作为环保改造的重点行业，近几年已经有了很大的变化，无论是在法制建设还是市场管理方面，都取得了很大的成绩，但距离发达国家还有一定的差距。

结合本章内容，说说我国建筑装饰装修材料的现状。

10.4 周 转 材 料

施较为常见的周转材料.pdf

10.4.1 周转材料的分类及特征

建筑物在生产过程中，不但要消耗各种构成实体和有助于工程形成的辅助材料，还要耗用大量如模板、挡土板、搭设脚手架的钢管、竹木杆等周转材料。所谓周转材料，就是通常所说的工具型材料和材料型工具，被广泛应用于隧道、桥梁、房建、涵洞等构筑物的施工生产领域，是施工企业重要的生产物资之一。

1. 周转材料的分类

周转材料按其在施工生产过程中的用途不同，一般可分为四类。

音频 3.周转材料的分类.mp3

(1) 模板类材料，即浇筑混凝土用的木模、钢模等，包括配合模板使用的支撑材料、滑膜材料和扣件等。按固定资产管理的固定钢模和现场使用固定大模板则不包括在内。

(2) 挡板类材料，即土方工程用的挡板，它还包括用于挡板的支撑材料。

(3) 架料类材料，即搭脚手架用的竹竿、木杆、竹木跳板、钢管及其扣件等。

(4) 其他是指除以上各类之外，作为流动资产管理的其他周转材料，例如塔吊使用的轻轨、枕木(不包括附属于塔吊的钢轨)以及施工过程中使用的安全网等。

2. 周转材料的特征

周转材料虽然数量较大、种类较多，但一般都具有以下特征。

(1) 周转材料与低值易耗品作用类似，周转材料与低值易耗品一样，在施工过程中起着劳动手段的作用，随着使用次数的增加而逐渐转移其价值。

(2) 具有材料的通用性，周转材料一般都要安装后才能发挥其使用价值，未安装时形同普通的材料，一般设专库保管以避免与其他材料相混淆。

(3) 因周转材料种类多、用量大、价值低、使用期短、收发频繁和易于损耗，经常需要补充和更换，故应将其列入流动资产进行管理。

10.4.2 施工企业中周转材料管理现状

1. 管理分散

由于现在各施工集团公司的施工项目分布较为广泛，有的遍布全国各地甚至海外，加上每一个施工项目工地都在不同的施工阶段使用大批量不同的周转材料，造成各下属单位周转材料保存量都很大。但是，由于各单位的在建工程量变化性很大且极不均衡，且各单位内部或单位之间都存在着不同程度的配件规格不齐、型号不配套等情况，再加上各单位长期实行自给自足的分散自我管理体制，难免会出现周转材料阶段使用量不均衡，使用效率低、成本高，周转材料闲置浪费等问题。此外，公司内部周转材料的大量调剂，使其内部制定的租赁价格背离市场实际价格，且内部核算导致租赁资金不能按时回收，影响了公司对现有周转资料的维修和更新，从而使工程项目的实际成本得不到真实的反映，这样既影响了社会闲散资源的使用效率，也使专业管理人员的积极性受到了影响。可见，大集团公司施工周转材料的这种分散管理体制，使许多材料的新购置缺乏计划性，且极易导致公司内部各施工单位的无序竞争和无限扩张。

2. 使用计划不明确

目前，大部分施工企业多凭经验估算周转材料的使用计划，对所需材料的规格、品种、数量、成色不能科学量化。例如，某工程需钢管 5000m，很少会有施工单位将这 5000m 的钢管中不同长度又各需多少、其需求量是否与施工建筑结构相匹配等问题计算清楚，而只是大概估算一下，坚持多多益善的原则购置，运到施工现场后，再根据需要将长的锯短、短的丢掉，浪费十分严重。

10.4.3 现状治理措施

1. 周转材料集中规模管理

对周转材料实行集团内的集中规模管理，可以降低企业的成本，提高企业的经济效益，提升企业的核心竞争力，并更好地满足集团内多个工程对周转材料的需求，同时也可以为企业与整个建筑行业的进一步融通往来奠定基础。

2. 加强材料管理人员业务培训

为真正做到物尽其用、人尽其才，变过去的经验型材料收发员为新型材料管理人员，企业决策层应对材料人员进行定期培训，以提高他们的工作技能，扩大其知识面，使其具备良好的职业道德素质和较新的管理观念。

3. 降低周转材料的租费及消耗

要降低周转材料的租费及消耗，就要在周转材料的采购、租赁和管理环节上加强控制，

具体做法如下。

(1) 采购时选用耐用、维护与拆卸方便的周转材料和机具。

(2) 对周转材料的数量与规格把好验收关，因租金是按时间支付的，故对租用的周转材料要特别注重其进场时间。

(3) 与施工队伍签订明确的损耗率和周转次数的责任合同，这样可以保证在使用过程中严格控制损耗，同时加快周转材料的使用次数，并且还可以使租赁方在使用完成之后及时退还周转材料，从而达到降低周转材料成本的目的。

4. 选择合理的周转材料取得方式

通常情况下为免去公司为租赁材料而消耗的费用，集团公司最好要有自己的周转材料。但是某些情况下租赁也较为经济合理，故公司在使用周转材料前，要综合考虑以下因素，以得出较合理的选择方案：工程施工期间的长短以及所需材料的规格(一般来讲，公司自行购买那些需要长期使用且适用范围比较广的周转材料较为划算)；现阶段公司货币资金的使用情况(若公司临时资金紧张，可选择优先临时租赁方案)；周转材料的堆放场地问题(周转材料是间歇性、循环使用的材料，因此在选择自行购买周转材料前，应事先规划好堆放闲置周转材料的场地)。

5. 控制材料用量

加强材料管理并严格控制用料制度，加快新材料、新技术的推广和使用。在施工过程中优先使用定型钢模、钢框竹模、竹胶板等新型模板材料，并注重引进以外墙保温板替代混凝土施工模板等多种新的施工技术。对施工现场耗用较大的辅材实行包干，且在进行施工包干时，优先选用制作、安装、拆除一体化的专业队伍进行模板工程施工，可以大大减少材料的浪费。

6. 提高机械设备和周转材料的利用率

其具体措施有：项目部应在机械设备和周转材料使用完毕后，立即归还租赁公司，这样既可以加快施工工期，又能减少租赁费用；选择合理的施工方案，先进、科学、经济合理的施工方案，可以达到缩短工期、提高质量、降低成本的目的；在施工过程中注意引进和探索能降低成本、提高工效的新工艺、新技术、新材料，严把质量关，减少返工浪费，保证在施工中严格做到按图施工、按合同施工、按规范施工，确保工程质量，减少因返工造成的人工和材料的浪费。

7. 做好周转材料的护养维修及管理工作

周转材料的护养和维修工作，主要包括以下几个方面：钢管、扣件、U 形卡等周转材料要按规格、型号摆放整齐，并且在使用后及时对其进行除锈、上油等维护工作；为不影响下次使用应及时检查并更换扣件上不能使用的螺丝；方木、模板等周转材料要在使用后要按其大小、长短堆放整齐，以便于统计数量；由于周转材料数量大，种类多，故应加强周转材料的管理，建立相应的奖罚制度；在使用时，相应的负责人认真盘点数量后，材料员方可办理相应的出库手续，并由施工队负责人员在出库手续上签字确认；当工程结算后，应要求施工队把周转材料堆放整齐以便于统计数量，如果归还数量小于应归还数量，要对施工队进行相应的处罚。

8. 施工前对模板工程的方案进行优化

在多层、高层建筑建设过程中，多使用可重复利用的模板体系和工具式模板支撑，并通过采用整体提升、分段悬挑等方案来优化高层建筑的外脚手架方案。

【案例 10-3】

一般来讲，一个工程项目的成本主要包括人工费、材料费、机械费三大块，其中，占总成本 60%～70%的材料费显得尤为重要。材料又包括构成工程实体的主体用材和作为施工手段用的辅助用材。主体用材的规格数量一般由设计方事先确定，而作为辅助用材的周转材料，则由施工单位自主设计、自行购买，因而操作起来具有很大的挖潜空间，周转材料的种类与其先进与否及管理的好坏，不仅关系到一个项目的施工安全和进度，影响到该项目甚至是整个企业的经营成果，同时，还直接反映出了一个企业施工技术的优劣。但由于不像主要材料一样构成建筑物的实体，因而有的施工企业往往对其管理重视程度不够，以致造成周转材料损失浪费严重，或占用资金过多，加大工程成本，严重影响了企业的经济效益。

结合本章内容，说说应如何加强施工现场周转材料的管理？

本章小结

建筑工程每年消耗的材料在全国总耗材中占有相当高的比例，我国的建筑行业消耗的资源已经是不容忽视的，必须实行资源节约措施。

设计方案时优化选择减少建材消耗；在材料的选用上积极使用如各种轻质高强建筑材料、高效保温隔热材料、新型复合建筑材料及制品、建筑部品及预制技术、金属材料保护(防腐)技术、绿色建筑装修材料、可循环材料、可再生利用材料、利用农业废弃植物生产的植物纤维建筑材料等绿色建材和新型建材；根据施工进度、库存情况等合理安排材料的采购、进场时间和批次，减少库存；在周转材料的使用方面应采取技术和管理措施，提高模板、脚手架等材料的周转次数。

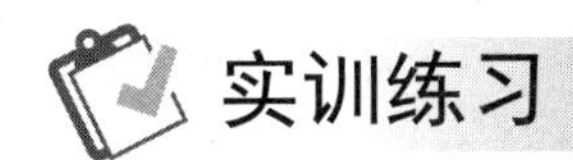

实训练习

一、填空题

1. 减少_________能耗是建筑节能的关键。

2. 根据_________、库存情况等合理安排材料的采购、进场时间和批次，减少库存______以避免因材料而造成的浪费。

3. 对于材料的保管要根据材料的______、________性质进行科学、合理地存储，防止因材料变质而引起的损耗。

4. 房屋的结构形式主要是_______结构。

5. 保温外墙要求具有______、_______、隔声、耐火、防水、耐久等功能。

二、简答题

1. 节约建筑材料的措施有哪些？

2. 简述周转材料的分类。

3. 简述周转材料的特点。

第10章课后习题答案.docx

实训工作单

班级		姓名		日期	
教学项目		节材与材料资源利用			
任务	掌握建筑材料节材的措施和方法		途径	查阅书籍、资料	
相关知识			节材与材料资源利用基本知识		
其他要求					
查阅资料学习的记录					
评语				指导老师	

第11章　绿色施工技术和施工评价

【教学目标】

- 了解绿色施工技术。
- 掌握施工评价方法。
- 掌握施工评价的指标。

【教学要求】

本章要点	掌握层次	相关知识点
绿色施工技术	1. 了解不同部位施工的主要技术措施 2. 掌握基本的绿色施工技术	绿色施工技术的基本知识
施工评价	1. 掌握绿色施工评价的方法 2. 掌握绿色施工评价的指标	绿色施工评价的基本知识

【案例导入】

在申报绿色建筑评价标识时，提倡在材料采购和施工过程中应尽量选用当地生产或工地周边地区生产的建筑材料，并注意收集保留能充分证明材料生产地的纸质证据。若距离施工现场500km以内的工厂生产的建筑材料质量占建筑材料总质量的70%以上，则符合一般项的要求。

上海某钢网架结构，由上海某公司承担安装任务。其中，螺栓球由浙江的工厂生产，钢管由上海宝钢生产，由武汉公司加工成杆件。

(资料来源：绿色建筑评价技术指南[M]. 中国建筑工业出版社，住房和城乡建设部科技发展促进中心组织编写，2010.)

【问题导入】

1. 螺栓球是否属于500km以内的建筑材料?
2. 钢管是否属于500km以内的建筑材料?若钢管在上海加工成杆件，情况又有何变化?

11.1 绿色施工技术

绿色施工技术.mp4

绿色施工技术是指在工程建设中，在保证质量和安全等基本要求的前提下，通过科学管理和技术进步，最大限度地节约资源，减少对环境负面影响的施工活动，绿色施工是可持续发展思想在工程施工中的具体应用和体现。首先绿色施工技术并不是独立于传统施工技术的全新技术，而是对传统施工技术的改进，是符合可持续发展的施工技术，其可最大限度地节约资源并减少对环境负面影响的施工活动，使施工过程真正做到“四节一环保”，对促使环境友好、提升建筑业整体水平具有重要意义。

绿色施工技术的新增内容是以水、太阳能等自然资源为主线，使建筑物在发挥其使用功能的同时融入自然，充分利用自然界给予我们的资源，以减少对环境的污染，使人与自然和谐相处，从而体现绿色主题。

11.1.1 基坑施工封闭降水技术

绿色施工技术.pdf

基坑封闭降水技术在我国沿海地区应用比较早，其封闭施工工艺来源于地基处理和水利堤坝的垂直防渗。我国从 1958 年修建山东省青岛月子口水库圆孔套接水泥黏土混凝土防渗墙，第一个垂直防渗墙工程开始，20 世纪 50～70 年代垂直防渗技术发展很快。最近 20 年，封闭降水技术较为常用的有：薄抓斗成槽造墙技术、液压开槽机成墙技术、高压喷射灌注(包括定喷法、摆喷法和旋喷法)成墙技术、深层搅拌桩截渗墙技术等。

传统的基坑开挖多采用排水降水的方法，近些年，由于降水带来的环境影响逐渐被人们所认识，并且已经对人类的生活造成了一定的影响，因此，这项技术才被重视起来。北京从 2008 年 3 月 1 日起，实施了《北京市建设工程施工降水管理办法》，要求采用封闭降水技术。

1. 基本原理

基坑封闭降水是指在基坑周边采用增加渗透系数较小的封闭结构，有效地阻止地下水向基坑内部渗流，再抽取开挖范围内少量地下水的控制措施。

2. 主要技术内容

基坑施工封闭降水技术是国家推广应用的十项新技术内容之一，是指采用基坑侧壁止水帷幕+基坑底封底的截水措施，阻截基坑侧壁及基坑底面的地下水流入基坑，同时采用降水措施抽取或引渗基坑开挖范围内地下水的基坑降水方法。

基坑降水通过抽排方式，在一定时间内可降低地层中各类地下水的水位，以满足工程的降水深度和时间要求，保证基坑开挖的施工环境和基坑周边建筑物、构筑物或管网的安全，同时为基坑底板与边坡的稳定提供有力保障。因此保证工程施工过程中降水技术的可行性是施工质量得以保障的基础。

3. 技术指标

(1) 封闭深度：宜采用悬挂式竖向截水和水平封底相结合，在没有水平封底措施的情况下要求侧壁帷幕(连续墙、搅拌桩、旋喷桩等)插入基坑下卧不透水土层一定深度。深度情况应满足下式计算：

$$L=0.2h_w-0.5b \tag{11-1}$$

式中：L——帷幕插入不透水层的深度；

h_w——作用水头；

b——帷幕厚度。

(2) 截水帷幕厚度：满足抗渗要求，渗透系数宜小于 1.0×10cm/s。

(3) 帷幕桩的搭接长度：不小于 150mm。

(4) 基坑内井深度：可采用疏干井和降水井，若采用降水井，井深度不宜超过截水帷幕深度；若采用疏干井，井深应插入下层强透水层。

(5) 结构安全性：截水帷幕必须在有安全的基坑支护措施下配合使用(如注浆法)，或者帷幕本身经计算能同时满足基坑支护的要求(如地下连续墙)。

4. 适用范围

适用于有地下水存在的所有非岩石地层的基坑工程。

在我国南方沿海地区宜采用地下连续墙或护坡桩+搅拌桩止水帷幕的地下水封闭措施。北方内陆地区宜采用护坡桩＋旋喷桩止水帷幕的地下水封闭措施。河流阶地地区宜采用双排或三排搅拌桩对基坑进行封闭同时兼做支护的地下水封闭措施。

【案例 11-1】

2008 年动工的北京中关村朔黄大厦工程：基坑面积约 5000m^2，基坑深度 17m，原计划采用管井降水，计算 90d 涌水量 2.48 万吨，后采用旋喷桩止水帷幕工艺，在基坑内配置疏干井，将上部潜水引入下层，全工程未抽取地下水。而附近 400m 左右的另一个工程同时开工，抽水周期 8 个月，粗略计算共抽取地下水 8 万吨，相当于 500 户居民 1 年的用水量。

成功应用封闭降水的工程还有：天津地区中钢天津响锣湾项目、北京地区协和医院门诊楼及手术科室楼工程、上海轨道交通 10 号线一期工程、太原名都工程、深圳地铁益田站、广州地铁越秀公园站基坑工程、河北曹妃甸首钢炼钢区地下管廊工程、福州茶亭街地下配套交通工程等。

11.1.2 施工过程水回收利用技术

淡水资源仅占地球上总水源的 2%。随着经济发展和人口的持续增加，水资源缺乏，地下水严重超采，水务基础设施建设相对滞后，再生水利用程度低等，致使水资源供需矛盾更加突出。

一些国家较早认识到施工过程中的水回收、废水资源化的重大战略意义，为开展回收水再利用积累了丰富的经验。美国、加拿大等国家的回收水再利用实施法规涵盖了实践的各个方面，如回收水再利用的要求和过程、回收水再利用的法规和环保指导性意见。目前，我国在水回收利用方面还没有专门的法规，只有节约用水方面的规定，如《中华人民共和国水法》提出了提高水的重复利用率，鼓励使用再生水，提高污水、废水再生利用率的原则规定。

施工工程水的回收利用技术应用，国内还没有专门的法规。

1. 主要技术内容

施工过程中应高度重视施工现场非传统水资源的水收集与综合利用，该项技术包括基坑施工降水回收利用技术、雨水回收利用技术、现场生产和生活废水回收利用技术。

(1) 基坑施工降水回收利用技术，一般包含两种技术：一是利用自渗效果将上层滞水引渗至下层潜水层中，可使部分水资源重新回灌至地下的回收利用技术；二是将降水所抽水体集中存放，施工时再利用。

(2) 雨水回收利用技术是指在施工现场中将雨水收集后，经过雨水渗蓄、沉淀等处理，集中存放再利用。回收水可直接用于冲刷厕所、施工现场洗车及现场洒水控制扬尘。

(3) 现场生产和生活废水回收利用技术是指将施工生产和生活废水经过过滤、沉淀或净化等处理达标后再利用。

经过处理或水质达到要求的水体可用于绿化、结构养护用水以及混凝土试块养护用水等。

2. 技术指标

(1) 利用自渗效果将上层滞水引渗至下层潜水层中，有回灌量、集中存放量和使用量记录。

(2) 施工现场用水至少应有20%来源于雨水和生产废水回收利用等。

(3) 污水排放应符合《污水综合排放标准》(GB 8978—1996)。

(4) 基坑降水回收利用率为

$$R = K_6 \frac{Q_1 + q_1 + q_2 + q_3}{Q_0} \times 100\%$$

式中：Q_0——基坑涌水里(m³ /d)，按照最不利条件下的计算最大流量；

Q_1——回灌至地下的水量(根据地质情况及试验确定)；

q_1——现场控制扬尘用水量(m³ /d)；

q_2——现场控制扬尘用水量；

q_3——施工砌筑抹灰等用水量；

K_6——损失系数，取0.85～0.95。

3. 技术措施

1) 现场建立高效洗车池

现场设置一高效洗车池，其主要包括蓄水池、沉淀池和冲洗池三部分。将降水井所抽出的水通过基坑周边的排水管汇集到蓄水池，如用于冲洗运土车辆。冲洗完的污水经预先的回路流进沉淀池(定期清理沉淀池，以保证其较高的使用率)。沉淀后的水可再流进蓄水池，用作洗车。

2) 设置现场集水箱

根据相关技术指标测算现场回收水量，制作蓄水箱，箱顶制作收集水管入口，与现场降水水管连接，并将蓄水箱置于固定高度(根据所需水压计算)，回收水体通过水泵抽到蓄水箱，用于现场部分施工用水。

4. 适用范围

基坑封闭降水技术适用于地下水面埋藏较浅的地区；雨水及废水利用技术适用于各类施工工程。

11.1.3 预拌砂浆技术

预拌砂浆作为一种新型绿色建筑材料， 由于其在节约资源、保护环境、确保建筑工程量、实现资源再利用等方面具有显著优势，国家对其推广应用势在必行。它的发展不仅充分体现了国家实现节能减排的战略方针，也是促进发展循环经济的重要措施之一。

1. 主要技术内容

预拌砂浆是指由专业生产厂生产的，用于建设工程中的各类砂浆拌合物，预拌砂浆可分为干拌砂浆和湿拌砂浆两种。

湿拌砂浆是指由水泥、细骨料、矿物掺合料、外加剂和水以及根据性能确定的其他组分，按一定比例，在搅拌站经计量、拌制后，运至使用地点，并在规定时间内使用完毕的拌合物。

干混砂浆是指由水泥、干燥骨料或粉料、添加剂以及根据性能确定的其他组分，按一定比例，在专业生产厂经计量、混合而成的混合物，在使用地点按规定比例加水或配套组分拌和使用。

2. 技术指标

预拌砂浆应符合《预拌砂浆》(GB/T 25181—2010)等国家现行相关标准和应用技术规程的规定。

3. 适用范围

适用于需要应用砂浆的工业与民用建筑。

11.1.4 墙体自保温体系施工技术

随着社会进步和经济的发展，人类赖以生存和发展的能源其需求与供给之间的矛盾日益突出，国内建筑领域能耗约占总能耗的30%～35%，且单位建筑面积能耗较高，能源利用率较低，因而提高能源有效利用、开展建筑节能工作具有积极的现实意义。在建筑能耗中外围护结构的热损耗占很大比重，因而建筑节能中通过采用墙体自保温等节能技术是建筑节能技术的重要环节。

墙体自保温系统：它是指按照一定的建筑构造，采用节能型墙体材料及配套专用砂浆使墙体热工性能等物理性能指标符合相应标准的建筑墙体保温隔热系统。

1. 主要技术内容

墙体自保温体系是指以蒸压加气混凝土、陶粒增强加气砌块和硅藻土保温砌块(砖)等制成的蒸压粉煤灰砖、蒸压加气混凝土砌块和陶粒砌块等为墙体材料，辅以节点保温构造措施的自保温体系。即可满足夏热冬冷地区和夏热冬暖地区节能50%的设计标准。

由于砌块是多孔结构，其收缩受湿度、温度影响大，干缩湿胀的现象比较明显，墙体上会产生各种裂缝，严重的还会造成砌体开裂。要解决上述质量问题，必须从材料、设计、施工等多方面共同控制，针对不同的季节和不同的情况，进行处理控制。

(1) 砌块在存放和运输过程中要做好防雨措施。使用中要选择强度等级相同的产品，应尽量避免在同一工程中选用不同强度等级的产品。

(2) 砌筑砂浆宜选用黏结性能良好的专用砂浆，其强度等级应不小于M5，砂浆应具有良好的保水性，可在砂浆中掺入无机或有机塑化剂。有条件的应使用专用的加气混凝土砌筑砂浆或干粉砂浆。

(3) 为消除主体结构和围护墙体之间由于温度变化而产生的收缩裂缝，砌块与墙柱相接处，须留拉结筋，竖向间距为500～600mm，压埋2Φ6钢筋，两端伸入墙体内不小于800mm；另每砌筑1.5m高时应采用2ϕ6通长钢筋拉结，以防止收缩拉裂墙体。

(4) 在跨度或高度较大的墙中设置构造梁柱。一般当墙体长度超过5m，可在中间设置钢筋混凝土构造柱；当墙体高度超过3m(≥120mm厚墙)或4m(≥180mm厚墙)时，可在墙高中腰处增设钢筋混凝土腰梁。构造梁柱可有效地分割墙体，减少砌体因收缩变形产生的叠加值。

(5) 在窗台与窗间墙交接处是应力集中的部位，容易受砌体收缩产生裂缝，因此，宜在窗台处设置钢筋混凝土现浇带以抵抗变形。此外，在未设置圈梁的门窗洞口上部的边角处也容易产生裂缝和空鼓，此外宜用圈梁取代过梁，墙体砌至门窗过梁处，应停一周后再砌以上部分，以防应力不同造成八字缝。

(6) 外墙墙面水平方向的凹凸部位(如线角、雨罩、出檐、窗台等)应做泛水和滴水，以避免积水。

2. 技术指标

其主要技术性能如表 11-1 所示，其他技术性能参见《蒸压加气混凝土砌块》(GB 11968—2006)和《蒸压加气混凝土应用技术规程》(JGJ/T17—2008)的标准要求。

3. 适用范围

其适用范围为夏热冬冷地区和夏热冬暖地区外墙、内隔墙和分户墙，也适用于高层建筑的填充墙和低层建筑的承重墙。如作为多层住宅的外墙、作为框架结构的填充墙、各种体系的非承重内隔墙等。

表 11-1 轻质保温墙体材料自保温体系技术要求

项　目		指　标
干体积密度(kg/m³)		475～825
抗压强度(MPa)	B05 级	3.5
	B06 级	5.0
	B07 级	5.0
	B08 级	7.5
导热系数(W/m·k)		0.12～0.2
体积吸水率(%)		15～25

加气混凝土砌块之所以在世界各地得到广泛采用和发展，并受到我国政府的高度重视，是因为它具有一系列的优越性。废渣加气混凝土砌块作为建筑加气混凝土砌块中的新型产品，比普通加气混凝土砌块更具环保优势，具有良好的推广应用前景。应用实例有：广州发展中心大厦、广州凯旋会、北京丰台世嘉丽晶小区、中国建筑文化中心、科技部节能示范楼、京东方生活配套楼等。

11.1.5 粘贴式外墙外保温隔热系统施工技术

外墙外保温技术是随着建筑节能要求的不断提高而发展的。20 世纪 40 年代，瑞典将钢丝网增强的水泥——石灰抹灰砂浆抹在密度较高的矿棉板上对外墙进行保温处理，当时的研究结果表明，34 英寸的保温层可以节约大约 30%的住宅取暖能耗。1947 年，德国开发了膨胀聚苯板(EPS)，这种轻质高效的保温材料与水泥砂浆具有优异的匹配性，用这种材料开发的外墙外保温系统可以迅速和容易地用于被战争损坏和未进行保温处理的建筑物，因此在德国得以较多的应用，并开始进入其他的欧洲国家，并在 20 世纪 60 年代后期被引入北美。

音频 1.粘贴式外墙外保温隔热系统施工技术的分类.mp3

20 世纪 70 年代，世界第一次石油危机引发了欧美等发达国家的能源短缺，德国于 1977 年 8 月 11 日颁布了第一版《建筑保温法规》，该法规主要针对新建建筑的散热损失，规定了各部位的具体传热系数值，法规的

颁布进一步推动了外墙外保温的应用。

中国外墙外保温系统的研究和应用始于20世纪90年代初，北京中建研究院与英国建研署合作项目开始了中国外墙外保温的发展之路。从20世纪90年代中期开始，随着中国建筑节能工作的不断推进，在学习和引进国外先进技术的基础上，我国的外墙外保温技术得到了长足的发展，1998年，北京市颁布了国内第一部外墙外保温地方技术规程。

由于近年来多起建筑保温火灾事件的发生，引发了各界对保温防火的思考，保温材料的防火性能史无前例地引起了业内各界的高度重视。然而，很多保温材料起火都是在施工过程中产生的，如：电焊、明火、不良的施工习惯。这些材料在燃烧过程中不断地产生融滴物和毒烟，同时释放出来的氯氟烃、氢氟碳化物、氟利昂等气体，对环境的危害也不可忽视。为此，住房和城乡建设部和公安部于2009年9月25日联合发布了《民用建筑外保温系统及外墙装饰防火暂行规定》公通字〔2009〕46号文通知。保温设计过程中防火性能更好、保温性能出色系统更能赢得市场的认可。根据46号文的要求：

(1) 住宅建筑：建筑高度大于100米以上，保温材料的燃烧性能应为A级。

(2) 其他民用建筑：建筑高度大于50米需要设置A级防火材料。

(3) 其他民用建筑：24米≤高度＜50米可使用A1级，也可使用防火隔离带。

粘贴式外墙外保温隔热系统施工技术是建筑业十项新技术之绿色施工技术的一种。粘贴式外墙外保温隔热系统施工技术，包括粘贴聚苯乙烯泡沫塑料板外保温系统和粘贴岩棉(矿棉)板外保温系统。现分别介绍如下。

1. 粘贴聚苯乙烯泡沫塑料板外保温系统

1) 主要技术内容

粘贴保温板外保温系统施工技术是指将燃烧性能符合要求的聚苯乙烯泡沫塑料板粘贴于外墙外表面，在保温板表面涂抹抹面砂浆并铺设增强网，然后做饰面层的施工技术，如图11-1所示。聚苯板与基层墙体的连接有粘结和粘锚结合两种方式。保温板为模塑聚苯板(EPS板)或挤塑聚苯板(XPS板)。

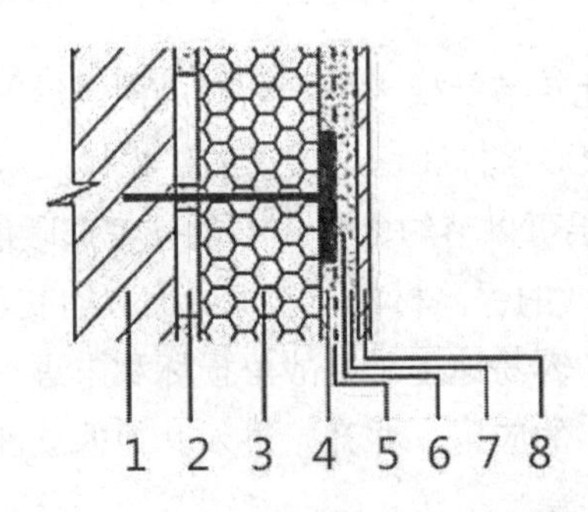

图11-1 粘贴保温板外保温系统示意图

①混凝土墙，各种砌体墙；②聚苯板胶粘剂；③模塑或挤塑聚苯乙烯泡沫板；④抹面砂浆；⑤耐碱玻璃纤维网格布或镀锌钢丝网；⑥机械锚固件；⑦抹面砂浆；⑧涂料、饰面砂浆或饰面砖等

2) 技术指标

应符合《外墙外保温工程技术规程》(JGJ 144—2004)，《膨胀聚苯板薄抹灰外墙保温体系》(JG 149—2003)标准要求。

3) 技术措施

(1) 放线：根据建筑立面设计和外保温技术要求，在墙面弹出外门窗口水平、垂直控制线及伸缩缝线、装饰线条、装饰缝线等。

(2) 拉基准线：在建筑外墙大角(阳角、阴角)及其他必要处挂垂直基准钢线，每个楼层的适当位置挂水平线，以控制聚苯板的垂直度和平整度。

(3) XPS 板背面涂界面剂：如使用 XPS 板，系统要求应在 XPS 板与墙的粘结面上涂刷界面剂，晾置备用。

(4) 配聚苯板胶粘剂：按配置要求，严格计量，机械搅拌，确保搅拌均匀。一次配制量应少于可操作时间内的用量。拌好的料注意防晒避风，超过可操作时间后不准使用。

(5) 粘贴聚苯板：排板按水平顺序进行，上下应错缝粘贴，阴阳角处做错茬处理；聚苯板的拼缝不得留在门窗口的四角处。当基面平整度≤5mm 时宜采用条粘法，>5mm 时宜采用点框法；当设计饰面为涂料时，粘结面积率不小于 40%；设计饰面为面砖时粘结面积率不小于 50%。

(6) 安装锚固件：锚固件安装应至少在聚苯板粘贴 24h 后进行。打孔深度依设计要求，拧入或敲入锚固钉。设计为面砖饰面时，按设计的锚固件布置图的位置打孔，塞入胀塞套管。当涂料饰面时，墙体高度在 20～50m 时，不宜小于 4 个/平方米，50m 以上或面砖饰面不宜少于 6 个/平方米。

(7) XPS 板涂界面剂：如使用 XPS 板，系统要求时应在 XPS 板面上涂刷界面剂。

(8) 配抹灰砂浆：按配置要求，做到计量准确，机械搅拌，确保搅拌均匀。一次配置量应少于可操作时间内的用量。拌好的料注意防晒避风，超过可操作时间后不准使用。

(9) 抹底层抹面砂浆：聚苯板安装完毕 24h 且经检查验收合格后进行。在聚苯板面抹底层抹面砂浆，厚度为 23mm。门窗口四角和阴阳角部位所用的增强网格布随即压入砂浆中。采用钢丝网时厚度为 57mm。

(10) 铺设增强网：对于涂料饰面采用玻纤网格布增强，在抹面砂浆可操作时间内，将网格布绷紧后贴在底层抹面砂浆上，用抹子由中间向四周把网格布压入砂浆中，要平整压实。严禁网格布褶皱。铺贴遇有搭接时，搭接长度不得少于 80mm。

设计为面砖饰面时，宜用后热镀锌钢丝网，将铺固钉(附垫片)压住钢丝网拧入或敲入胀塞套管，搭接长度不少于 50mm 且保证 2 个完整网格的搭接。如采用双层玻纤网格布做法，在固定好的网格布上涂抹抹面砂浆，厚度为 2mm 左右，然后按以上要求再铺设一层网格布。

(11) 抹面层抹面砂浆：在底层抹面砂浆凝结前抹面层抹面砂浆，以覆盖网格布、微见网格布轮廓为宜。抹面砂浆切忌不停揉搓，以免形成空鼓。

(12) 外饰面作业：待抹面砂浆基面达到饰面施工要求时可进行外饰面作业。

外饰面可选择涂料、饰面砂浆、面砖等形式，具体施工方法按相关饰面施工标准进行。选择面砖饰面时，应在样板件检测合格、抹面砂浆施工 7d 后，按《外墙饰面面砖工程施工及验收规程》(JGJ 126—2015)的要求进行。

4) 适用范围

该保温系统适用于新建建筑和既有房屋节能改造中各种形式主体结构的外墙外保温，适宜在严寒、寒冷地区和夏热冬冷地区使用。

2. 粘贴岩棉(矿棉)板外保温系统

1) 主要技术内容

外墙外保温岩棉(矿棉)施工技术是指用胶粘剂将岩(矿)棉板粘贴于外墙外表面，并用专用岩棉锚栓将其锚固在基层墙体，然后在岩(矿)棉板表面抹聚合物砂浆并铺设增强网，然后做饰面层，其特点是防火性能好。其基本构造如图 11-2 所示。

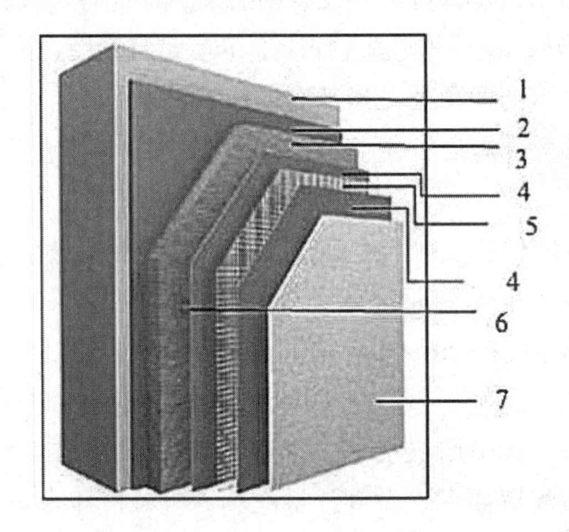

图 11-2 岩(矿)棉外保温系统基本构造

①基层墙体；②胶粘剂；③岩(矿)棉；④抹面胶浆；⑤增强网；⑥铺栓；⑦外饰面

2) 技术指标

该系统应符合《外墙外保温工程技术规程》(JGJ 144—2004)和《建筑用岩棉、矿渣棉绝热制品》(GB/T 19686—2005)的要求。技术指标如表 11-2 所示。

表 11-2 保温板外保温系统技术要求

项 目	性能要求
抗冲击强度，J	普通型≥2 加强型≥10
吸水量，g/m	≤1000，当≤500 时可不做耐冻融测试
耐冻融，kPa	30 次冻融循环后表面无裂纹、空鼓、起泡、剥离现象。抹面胶浆与岩面板之间的拉伸粘结强度≥80，或断裂在岩棉板内

续表

项　目	性能要求
水蒸气渗透当量空气层厚度，m	带有全部保护层的系统水蒸气渗透当量空气层厚度 sd 值≤1
耐候性，kPa	80 次热-雨及 5 次正负温循环后表面无裂纹、粉化、剥落现象。 抹面胶浆与岩棉板之间的拉伸粘结强度≥80，或断裂在岩棉板内
抗风压	动态风荷载试验值不小于工程项目的风荷载设计值

3) 适用范围

该保温系统适用于低层、多层和高层建筑的新建或既有建筑节能改造的外墙保温，适宜在严寒、寒冷地区和夏热冬冷地区使用，不宜采用面砖饰面。

该保温系统由于其独特的防火性能，在高层建筑中有很大的发展空间。应用实例：天津华琛散热器厂节能示范楼工程等。

11.1.6 现浇混凝土外墙外保温施工技术

现浇混凝土外墙外保温系统是指在墙体钢筋绑扎完毕后，浇灌混凝土墙体前，将保温板置于外模内侧，浇灌混凝土完毕后，保温层与墙体有机地结合在一起。聚苯板一般采用 EPS 或 XPS 板。当采用 XPS 板时，表面应做拉毛、开槽等加强粘结性的处理，并涂刷配套的界面剂。

1. 主要技术内容

现浇混凝土外墙外保温施工技术是指在墙体钢筋绑扎完毕后，浇灌混凝土墙体前，将保温板置于外模内侧，浇灌混凝土完毕后，保温层与墙体有机地结合在一起。聚苯板可以是 EPS，也可以是 XPS。当采用 XPS 时，表面应做拉毛、开槽等加强粘结性能的处理，并涂刷配套的界面剂。按聚苯板与混凝土的连接方式不同，可分以下两种。

(1) 有网体系：外表面有梯形凹槽和带斜插丝的单面钢丝网架聚苯板(EPS 或 XPS)，在聚苯板内外表面及钢丝网架上喷涂界面剂，将带网架的聚苯板安装于墙体钢筋之外，用塑料锚栓穿过聚苯板与墙体钢筋绑扎，安装内外大模板，浇灌混凝土墙体，拆模后有网聚苯板与混凝土墙体连接成一体。

(2) 无网体系：采用内表面带槽的阻燃型聚苯板(EPS 或 XPS)，聚苯板内外表面喷涂界面剂，安装在墙体钢筋之外，用塑料铺栓穿过聚苯板与墙体钢筋绑扎，安装内外大模板，浇灌混凝土墙体，拆模后聚苯板与混凝土墙体连接成一体。

2. 技术指标

应符合《外墙外保温工程技术规程》(JGJ 144—2004)。

3. 技术措施

(1) 保温板与墙体必须连接牢固，安全可靠，有网体系板、无网体系板面附加锚固件

可用塑料锚栓，铺入混凝土内长度不得小于50mm，并将螺丝拧紧，使尾部全部张开。后挂网体系采用钢塑复合插接锚栓或其他满足要求的锚栓。

(2) 保温板与墙体的粘结强度应大于保温板本身的抗拉强度。有网体系、后挂钢丝网体系保温板内外表面及钢丝网，无网体系保温板内外表面应涂刷界面剂(砂浆)。

(3) 有网体系板与板之间垂直缝表面钢丝之间应用镀锌钢丝绑扎，间距≤150mm，或用宽度不小于100mm的附加网片左右搭接。无网体系板与板之间的竖向高低槽宜用苯板胶粘结。

(4) 窗口外侧四周墙面，应进行保温处理，做到既满足节能要求，避免“热桥”，又不影响窗户开启。

(5) 有网体系膨胀缝和装饰分格缝处理如下。

保温板上的分缝有两类：一类为膨胀缝，保温板和钢丝网均断开中间放入泡沫塑料棒，外表嵌缝膏嵌；另一类为装饰分格缝，即在抹灰层上做分格缝。在每层层间水平分层处宜留膨胀缝，层间保温板和钢丝网均应断开，其间嵌入泡沫塑料棒，外表用嵌缝油膏嵌缝。垂直缝一般设装饰分格缝，其位置宜按墙面面积留缝；在板式建筑中宜≤30m^2，在塔式建筑中应视具体情况而定，一般宜留在阴角部位。

(6) 无网体系膨胀缝和装饰分格缝处理如下。

在每层层间宜留水平分层膨胀缝，其间嵌入泡沫塑料棒，外表用嵌缝油膏嵌缝。垂直缝一般设装饰分格缝，其位置宜按墙面面积留缝；在板式兼职中宜≤30mm^2，在塔式建筑中应视具体情况而定，一般宜留在阴角部位。装饰分格缝保留板不断开，在板上开槽镶嵌入塑料分隔条。

4. 适用范围

该保温系统适用于低层、多层和高层建筑的现浇混凝土外墙，适宜在严寒、寒冷地区和夏热冬冷地区使用。

11.1.7 外墙硬泡聚氨酯喷涂施工技术

硬质聚氨酯泡沫塑料是指在一定负荷作用下，不发生明显变形，当负荷过大时发生变形后不能恢复到原来形状的泡沫塑料。

1. 主要技术内容

外墙硬泡聚氨酯喷涂施工技术是指将硬质发泡聚氟酯喷涂到外墙外表面，并达到设计要求的厚度，然后做界面处理、抹胶粉聚苯颗粒保温浆料找平，薄抹抗裂砂浆，铺设增强网，再做饰面层。其基本构造如图11-3所示。

2. 技术指标

该系统技术指标如表11-3所示。

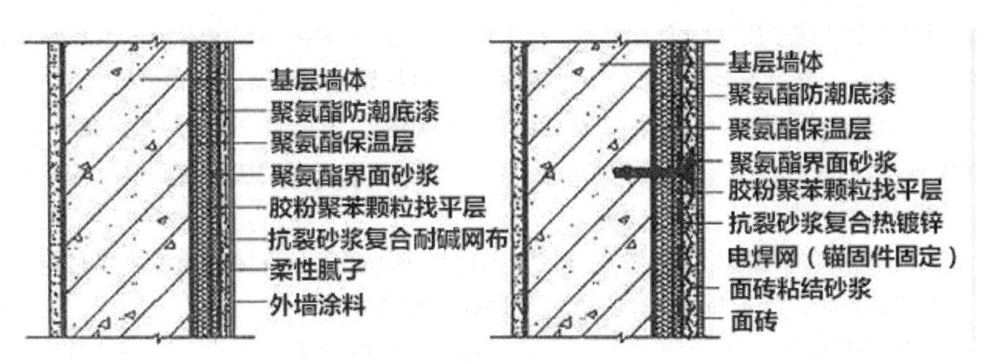

图 11-3 外墙硬泡聚氨酯喷涂系统基本构造

表 11-3 外墙喷涂硬泡聚氨酯系统技术要求

试验项目		性能指标	
耐候性		不得出现开裂、空鼓或脱落。抗裂防护层与保温层的拉伸粘结强度不应小于 0.1MPa，破坏界面应位于保温层	
浸水 1h 吸水量，g/m		≤1000	
抗冲击强度，J	C 型	普通型(单网) 加强型(双网)	3 冲击，合格 10 冲击，合格
	T 型	3 冲击，合格	
抗风压值		不小于工程项目的风荷载设计值	
耐冻融		严寒及寒冷地区 30 次循环、夏热冬冷地区 10 次循环表面无裂纹、空鼓、起泡、剥离现象	
水蒸气湿流密度，g/(m^{2}h)		≥0.85	
不透水性		试样防护层内侧无水渗透	
耐磨损，500L 砂		无开裂，龟裂或表面保护层剥落、损伤	
系统抗拉强度(C 型)，MPa		≥0.1 并且破坏部位不得位于各层界面	
饰面砖粘结强度(T 型)，MPa(现场抽测)		≥0.4	
抗震性能(T 型)		设防烈度等级地震作用下面砖饰面及外保温系统无脱落	

3. 技术措施

(1) 喷涂施工时的环境温度宜为 10～40℃，风速应不大于 5m/s(3 级风)，相对湿度保证喷涂质量。

(2) 喷枪头距作业面的距离应根据喷涂设备的压力进行调整，不宜超过 1.5m；喷涂时喷枪头移动的速度要均匀。在作业中，上一层喷涂的聚氨酯硬泡表面不粘手后，才能喷涂下一层。

(3) 喷涂后的聚氨酯硬泡保温层应充分熟化 48～72h 后，再进行下一道工序的施工。

(4) 喷涂后的聚氨酯硬泡保温层表面平整度允许偏差不大于 6mm。

(5) 在用抹面胶浆等找平材料找平喷涂聚氨酯硬泡保温层时，应立即将裁好的玻纤网

布(或钢丝网)用铁抹子压入抹面胶浆内，相邻网布(或钢丝网)搭接宽度不小于100mm；网布(钢丝网)应铺贴平整，不得有皱褶、空鼓和翘边。阳角处应做护角。

(6) 喷涂施工作业时，门窗洞口及下风口宜做遮蔽，防止泡沫飞溅污染环境。

(7) 喷涂后在进行下一道工序施工之前，聚氨酯硬泡保温层应避免雨淋，遭受雨淋的应彻底晾干后方可进行下一道工序施工。

(8) 聚氨酯硬泡外墙外保温工程施工，不得损害施工人员身体健康，施工时应做好施工人员的劳动保护，对于喷涂法施工或浇筑法施工尤其要注意这一点。

(9) 聚氨酯硬泡外墙外保温工程施工，不得造成环境污染，必要时应作施工围护。

4. 适用范围

该系统适用于抗震设防烈度≤8度的多层及中高层新建民用建筑和工业建筑，也适用于既有建筑的节能改造工程。

11.1.8 工业废渣及(空心)砌块应用技术

1. 主要技术内容

工业废渣及(空心)砌块应用技术是指将工业废渣制作成建筑材料并用于建设工程。工业废渣应用于建设工程的种类较多，本节只介绍两种，一是磷铵厂和磷酸氢钙厂在生产过程中排出的废渣，制成磷石膏标砖、磷石膏盲孔砖和磷石膏砌块等；二是以粉煤灰、石灰或水泥为主要原料，加入适量石膏、外加剂、颜料和集料等，以坯料制备、成型、高压或常压养护而制成的粉煤灰实心砖。

粉煤灰小型空心砌块是以粉煤灰、水泥、各种轻重集料、水为主要组分(也可加入外加剂等)拌合制成的小型空心砌块，其中粉煤灰用量不应低于原材料重量的20%，水泥用量不应低于原材料重量的10%。

2. 技术指标

磷石膏砖技术指标参照《非承重蒸压灰砂空心砌块和蒸压灰砂空心砖》(JC/T 2489—2018)的技术性能要求；粉煤灰小型空心砌块的性能应满足《粉煤灰混凝土小型空心砌块》(JC/T 862—2008)的技术要求；粉煤灰砖的性能应满足《蒸压粉煤灰砖》(JC/T 239—2014)的技术要求。

3. 适用范围

磷石膏砖可适用于砌块结构的所有建筑的非承重墙外墙和内填充墙；粉煤灰小型空心砌块适用于一般工业与民用建筑，尤其是多层建筑的承重墙体及框架结构填充墙。

11.1.9 铝合金窗断桥技术

铝合金窗于20世纪70年代初传入我国时，仅在外国驻华使馆及少数涉外工程中使用。

改革开放初期，我国大批量地购买了日本、德国、荷兰以及中国香港及台湾等地的铝门窗和建筑铝型材制品，用于深圳特区、广东、北京、上海等地“三资”工程建设和旅游宾馆项目建设。铝合金窗因抗风性、抗空气渗透、耐火性好，被建筑工程广泛采用。

铝的热传导系数较高，在冷热交替的气候条件下，如果不经过断热处理，普通铝合金门窗的保温性能将很差。目前，铝合金门窗一般采用断热型材。断热型材的技术起源于美国，1937年10月诞生了第一个描述铝合金材料如何被进行隔热处理的专利，它的主要思路是将一种类似密封蜡的混合物浇筑到门窗用铝材的中间来进行隔热。1952年又发布了另一个用粘结或机械力压紧的方法将某种未成型的高分子绝热聚合物固定在铝合金型材专用的断热槽中的专利，这种方法就是今天浇筑式技术的雏形。20世纪80年代初，法国研制开发了采用嵌条辊压的技术，通过传入的隔热条(尼龙66材料)把铝合金型材的热桥断开，实现铝合金型材的节能效果。目前在欧美等国断桥铝门窗已同木、塑门窗一样成为建筑门窗的主要形式之一。

断桥铝门窗断桥技术在我国起步于20世纪80年代，在小批量试生产和工程试验中，积累了一定经验，但由于型材价位偏高、国产断热化学建材原料供应不足，推广、应用没有形成气候。

“九五”期间，我国自行开发研制的55、88系列节能环保型铝门窗已在各地推广应用，填补了国内空白，增加了节能型建筑门窗品种系列。近年来，断桥铝合金门窗在严寒和寒冷地区的市场占有率逐年攀升，以北京为例，在商品房项目中的断桥铝合金门窗实际安装使用率已达46%。

1. 主要技术内容

隔热断桥铝合金的原理是在铝型材中间穿入隔热条，将铝型材断开形成断桥，以有效阻止热量的传导，隔热铝合金型材门窗的热传导性比非隔热铝合金型材门窗降低40%～70%。中空玻璃断桥铝合金门窗自重轻、强度高，加工装配精密、准确，因而开闭轻便灵活，无噪声，密度仅为钢材的1/3，其隔音性好。断桥铝合金窗是指采用隔热断桥铝型材、中空玻璃、专用五金配件、密封胶条等辅件制作而成的节能型窗。其主要特点是采用断热技术将铝型材分为室内、室外两部分，采用的断热技术包括穿条式和浇注式两种。

2. 技术指标

断桥铝合金窗应符合相关地区节能设计标准要求及《铝合金门窗》(GB/T 8478—2008)标准要求。铝合金窗受力构件应经试验或计算确定。未经表面处理的型材最小实测壁厚≥1.4mm。

3. 适用范围

该技术适用于各类形式的建筑物外窗。

11.1.10 太阳能与建筑一体化应用技术

1. 主要技术内容

“建筑太阳能一体化”是指在建筑规划设计之初，利用屋面构架、建筑屋面、阳台、外墙及遮阳等，将太阳能利用纳入设计内容，使之成为建筑的一个有机组成部分。

“太阳能与建筑一体化”分为太阳能与建筑光热一体化和光电一体化。太阳能与建筑光热一体化是利用太阳能转化为热能的利用技术，建筑上直接利用的方式有：①利用太阳能空气集热器进行供暖；②利用太阳能热水器提供生活热水；③基于集热储热原理的间接加热式被动太阳房；④利用太阳能加热空气产生的热压增强建筑通风。

太阳能与建筑光电一体化是指利用太阳能电池将白天的太阳能转化为电能由蓄电池储存起来，晚上在放电控制器的控制下释放出来，供室内照明和其他需要。光电池组件由多个单晶硅或多晶硅单体电池通过串并联组成，其主要作用是把光能转化为电能。

2. 技术指标

(1) 太阳能与建筑光热一体化，按《民用建筑太阳能热水系统应用技术标准》(GB 50364—2018)和《太阳能供热采暖工程技术规范》(GB 50495—2009)技术要求进行。

(2) 太阳能与建筑光电一体化，按《民用建筑太阳能光伏系统应用技术规范》(JGJ 203—2010)技术要求进行。

3. 适用范围

该技术适用于太阳辐射总量在 5000Ml/m^2 的青藏高原、西北地区、华北地区、东北大部分，以及云南、广东、海南的部分低纬度地区。太阳能与建筑光电一体化宜建小区式发电厂。

11.1.11 供热计量技术

1. 主要技术内容

供热计量技术是对集中供热系统的热源供热量、热用户的用热量进行计量，包括热源和热力站热计量、楼栋热计量和分户热计量。

热源和热力站热计量应采用热量计量装置进行计量，热源或热力站的燃料消耗量、补水量、耗电量应分项计量，循环水泵电量宜单独计量。

2. 技术指标

供热计量方法按《供热计量技术规程》(JGJ 173—2009)进行。

3. 适用范围

该技术适用于我国所有采暖地区。

11.1.12 建筑遮阳技术

1. 主要技术内容

建筑遮阳是将遮阳产品安装在建筑外窗、透明幕墙和采光顶的外侧、内侧和中间等位置，以遮蔽太阳辐射：夏季，阻止太阳辐射热从玻璃窗进入室内；冬季，阻止室内热量从玻璃窗逸出，因此，设置适合的遮阳设施，节约建筑运行能耗，可以节约空调用电 25%左右；设置遮阳效果良好的建筑，可以使外窗保温性能提高约一倍，节约建筑采暖用能 10%左右。根据遮阳产品的安装的位置可分为外遮阳、内遮阳、中间遮阳、中置遮阳。

2. 技术指标

影响建筑遮阳性能的指标有抗风荷载性能、耐雪荷载性能、耐积水荷载性能、操作力性能、机械耐久性能、热舒适和视觉舒适性能等施工时应符合《建筑遮阳工程技术规范》(JGJ 237—2011)(新编)。

3. 适用范围

建筑遮阳形式的确定，应综合考虑地区气候特征、经济技术条件、房间使用功能等因素，以满足建筑夏季遮阳、冬季阳光入射、冬季夜间保温，以及自然通风、采光、视野等要求。它适合于我国严寒、寒冷、夏热冬冷、夏热冬热地区的建筑工业与民用建筑。

11.1.13 植生混凝土

植生混凝土是一种植物能直接在其中生长的生态友好型混凝土，同时也是一种将植物引入到混凝土结构中的技术。这种混凝土以多孔混凝土为基本构架，内部有一定比例的连通孔隙，为混凝土表面的绿色植物提供根部生长和吸收养分的空间。其基本构造主要由多孔混凝土骨架、保水填充材料、表面土等组成。

植生混凝土又称为绿化混凝土。绿化混凝土的最初定义见清华大学冯乃谦、杨朴等主编的《实用混凝土大全》，定义为：“能够适应绿色植物生长、进行绿色植被的混凝土及其制品。”有些专家学者把绿化混凝土定义为：能够适应植物生长，可进行植被作业，具有保持原有防护作用功能、保护环境、改善生态条件的混凝土及其制品。

植生多孔混凝土具有保水性良好、质量轻等特性。植生混凝土的结构特性表现在具有大量连通的孔隙，且孔隙率、孔径分布可控性好；施工简便，凝固时间快，可现场建筑或预制成型；生态特性为可实现绿化、生物共存、水质净化等功能；此外还有耐久性、耐化学浸(腐)蚀性能良好。

音频 2.植生混凝土的优点.mp3

1. 主要技术内容

植生混凝土是以多孔混凝土为基本构架，内部是一定比例的连通孔隙，为混凝土表面的绿色植物提供根部生长、吸取养分的空间，是一种植物能直接在其中生长的生态友好型混凝土。其基本构造由多孔混凝土、保水填充材料、表面土等组成。其主要技术内容可分为多空混凝土的制备技术、内部碱环境的改造技术及植物生长基质的配制技术、植生喷灌系统、植生混凝土的施工技术等。

2. 技术指标

(1) 护堤植生混凝土主要材料组成：碎石或碎卵石、普通硅酸盐水泥、矿物掺合料(硅粉、粉煤灰、矿粉)、水、高效减水剂。

护堤植生混凝土主要是利用模具制成的包含有大孔的混凝土模块，模块含有的大孔供植物生长；或是采用大骨料制成的大孔混凝土，形成的大孔供植物生长；强度范围在 10MPa 以上；混凝土密度 1800～2100kg/m^3；混凝土空隙率不小于 15%，必要时可达 30%。

(2) 屋面植生混凝土材料组成：轻质骨料、普通硅酸盐水泥、硅粉或粉煤灰、水、植物种植基。它主要是利用多孔的轻骨料混凝土作为保水和根系生长基材，表面敷以植物生长腐殖质材料；混凝土强度 5～15MPa 之间；屋顶植生混凝土密度 700～1100kg/m^3；屋顶植生混凝土空隙率 18%～25%。

(3) 墙面植生混凝土材料组成：天然矿物废渣(单一粒径 5～8mm)、普通硅酸盐水泥、矿物掺合料、水、高效减水剂。它主要是利用混凝土内部形成庞大的毛细管网络，作为为植物提供水分和养分的基材；混凝土强度 5～15MPa 之间；墙面植生混凝土密度 1000～1400kg/m^3；混凝土空隙率 15%～22%。

3. 适用范围

其适用于屋顶绿化、市政工程坡面机构以及河流两岸护坡等表面的绿化与保护。

11.1.14 透水混凝土

透水混凝土又称多孔混凝土，是由骨料、水泥和水拌制而成的一种多孔混凝土，由粗骨料表面包裹一薄层水泥浆相互粘结而形成孔穴均匀分布的蜂窝状结构，亦称排水混凝土或无砂混凝土。

1. 主要技术内容

透水的原理是利用总体积小于骨料总空隙体系的胶凝材料部分地填充粗骨料颗粒之间的空隙，以及剩余部分空隙，并使其形成贯通的孔隙网，因而具有透水效果。

1) 透水混凝土的制备

透水混凝土在满足强度要求的同时，还需要保持一定的贯通孔隙来满足透水性的要求，因此在配制时除了选择合适的原材料外，还要通过配合比设计和制备工艺以及添加剂来达到保证强度和孔隙率的目的。透水混凝土由骨料、水泥、水等组成，多采用单粒级或间断粒级的粗骨料作为骨架，细骨料的用量一般控制在总骨料的 20%以内；水泥可选用硅酸盐水泥、普通硅酸盐水泥和矿渣硅酸盐水泥；掺合料可选用硅灰、粉煤灰、矿渣微细粉等。

投料时先放入水泥、掺合料、粗骨料，再加入一半的水用量，搅拌 30s；然后加入添加剂(外加剂、颜料等)，搅拌 60s；最后加入剩余水量，搅拌 120s 出料。

2) 透水混凝土的施工

透水混凝土的施工主要包括摊铺、成型、表面处理、接缝处理等工序。可采用机械或人工方法进行摊铺；成型可采用平板振动器、振动整平辊、手动推拉辊、振动整平梁等进行施工。表面处理主要是为了提高表面观感，对已成型的透水混凝土表面进行修整或清洗。透水混凝土路面接缝的设置与普通混凝土基本相同，缩缝等距布设，间距不宜超过 6m。

3) 透水混凝土养护、维护

透水混凝土施工后应采用覆盖养护，洒水保湿养护至少 7d，养护期间要防止混凝土表面孔隙被泥沙污染。混凝土的日常维护包括日常的清扫、封堵孔隙的清理。清理封堵孔隙可采用风机吹扫、高压冲洗或真空清扫等方法。

2. 技术指标

透水混凝土的技术指标可分为拌合物指标和硬化混凝土指标。

(1) 拌合物：坍落度(5～50mm)；凝结时间(初凝不少于 2h)；浆体包裹程度(包裹均匀，手攥成团，有金属光泽)。

(2) 硬化混凝土：强度(C15～C30)；透水性(不小于 1mm/s)；孔隙率(10%～20%)。

(3) 抗冻融循环：一般不低于 D100。

3. 适用范围

透水混凝土一般多用于市政道路、住宅小区、城市休闲广场、园林景观道路、商业广场、停车场等路面工程。

【案例 11-2】

随着绿色、环保、减排、低碳等理念在我国建筑施工企业中理念的不断深入，把环保绿色施工工艺、技术在建筑工程施工的整个过程中规范应用，达到节能减排、保护环境的要求，具有很现实和长远的意义。建筑行业具有高污染、高能耗的特点，随着当前现代建筑技术行业的急速发展，建筑行业对社会环境、资源产生了比较严重的破坏、污染，有些甚至难以恢复和消除，对空气质量、水资源、植被生态等造成了极大的影响，对我国环境、协调发展、持续发展都造成了很大的破坏。

绿色建筑施工技术是指通过运用科学的管理措施和先进的技术手段，在建筑施工过程中以有效地利用资源作为核心，尽量减少建筑对环境产生的负面影响，追求效率高、能耗低、绿色环保、全面协调兼顾，最大限度地提高工程质量和安全生产、水、电能源，建筑材料和其他资源节约。它涉及减少材料生产和使用、再生资源的回收利用、清洁生产、环境保护等多方面的可持续发展。绿色施工建筑技术是现代建筑技术发展的必然选择，是构建和谐的生态人居环境、优化社会自然生活环境的技术保障和重要技术施工措施。

结合本章内容，谈谈绿色施工技术的主要内容有哪些？

11.2 施工评价

11.2.1 绿色施工评价方法

绿色施工评价.mp4

1. 绿色施工技术评价原则

(1) 清洁生产是指既能满足生产的需要，又能合理地使用自然资源和能源，并保护环境的实用生产方法和措施。它谋求将生产排放的废物减量化、资源化和无害化，以求减少环境负荷。

(2) 减物质化生产原则是一种物料和能耗最少的人类生产活动的规划和管理，包括减量化原则、再使用原则、循环再生利用原则。减量化原则是要求用较少的原料和能源投入来达到既定的生产目的或消费目的；再使用原则是要求制造产品和包装容器能够以初始的形式被反复使用，而不是非常快地更新换代；再循环原则要求生产出来的物品在完成其使用功能后能重新变成可以利用的资源，而不是不可恢复的垃圾。

2. 绿色施工技术评价指标体系

这主要由六个方面来进行施工方案的绿色评价：材料消耗量指标；能源消耗量指标；水资源消耗量；三废排放量；对周边环境安全影响；噪声、振动扰民。

音频 3.绿色施工技术评价的指标体系及方法.mp3

3. 绿色施工评价的定性定量方法

其常用的定性定量分析方法有：专家评分法、敏感度分析法、灰色关联度因素分析法、多因素模糊分析法、层次分析法、可靠性分析法等。

11.2.2 环境保护评价指标

1. 控制项

(1) 现场施工标牌应包括环境保护内容。

(2) 施工现场应在醒目位置设环境保护标识。

(3) 施工现场的文物古迹和古树名木应采取有效的保护措施。

(4) 现场食堂应有卫生许可证，炊事员应持有效的健康证明。

2. 一般项

1) 资源保护

(1) 应保护场地四周原有地下水形态，减少抽取地下水。

(2) 危险品、化学品存放处及污物排放应采取隔离措施。

2) 人员健康

(1) 施工作业区和生活办公区应分开布置，生活设施应远离有毒有害物质。

(2) 生活区应有专人负责，应有消暑或保暖措施。

(3) 现场工人劳动强度和工作时间应符合现行国家标准《工作场所物理因素测量第 10 部分：体力劳动强度等级》(GBZ/T 189.10—2017)的有关规定。

(4) 从事有毒、有害、有刺激性气味和强光、强噪音施工的人员应佩戴与其相应的防护器具。

(5) 深井、密闭环境、防水和室内装修施工应有自然通风或临时通风设施。

(6) 现场危险设备、地段、有毒物品存放地应配置醒目的安全标志，施工应采取有效防毒、防污、防尘、防潮、通风等措施，应加强人员健康管理。

(7) 厕所、卫生设施、排水沟及阴暗潮湿地带应定期消毒。

(8) 食堂各类器具应清洁，个人卫生、操作行为应规范。

3) 扬尘控制

(1) 现场应建立洒水清扫制度，配备洒水设备，并应有专人负责。

(2) 对裸露地面、集中堆放的土方应采取抑尘措施。

(3) 运送土方、渣土等易产生扬尘的车辆应采取封闭或遮盖措施。

(4) 现场进出口应设冲洗池和吸湿垫，应保持进出现场车辆清洁。

(5) 易飞扬和细颗粒建筑材料应封闭存放，余料应及时回收。

(6) 易产生扬尘的施工作业应采取遮挡、抑尘等措施。

(7) 拆除爆破作业应有降尘措施。

(8) 高空垃圾清运应采用封闭式管道或垂直运输机械完成。

(9) 现场使用散装水泥、预拌砂浆应有密闭防尘措施。

4) 废气排放控制

(1) 进出场车辆及机械设备废气排放应符合国家年检要求。

(2) 不应使用煤作为现场生活的燃料。

(3) 电焊烟气的排放应符合现行北京市质量技术监督局发布的《大气污染物综合排放标准》(DB 11/501—2007)的规定。

(4) 不应在现场燃烧废弃物。

5) 建筑垃圾处置

(1) 建筑垃圾应分类收集、集中堆放。

(2) 废电池、废墨盒等有毒有害的废弃物应封闭回收，不应混放。

(3) 有毒有害废物分类率应达到 100%。

(4) 垃圾桶应分为可回收利用与不可回收利用两类，应定期清运。

(5) 建筑垃圾回收利用率应达到 30%。

(6) 碎石和土石方类等应用作地基和路基回填材料。

6) 污水排放

(1) 现场道路和材料堆放场地周边应设排水沟。

(2) 工程污水和试验室养护用水应经处理达标后排入市政污水管道。

(3) 现场厕所应设置化粪池，化粪池应定期清理。

(4) 工地厨房应设隔油池，隔油池应定期清理。

(5) 雨水、污水应分流排放。

7) 光污染

(1) 夜间焊接作业时，应采取挡光措施。

(2) 工地设置大型照明灯具时，应有防止强光线外泄的措施。

8) 噪音控制

(1) 应采用先进机械、低噪音设备进行施工，机械、设备应定期保养维护。

(2) 产生噪声较大的机械设备，应尽量远离施工现场办公区、生活区和周边住宅区。

(3) 混凝土输送泵、电锯房等应设有吸音降噪屏或采用其他降噪措施。

(4) 夜间施工噪音声强值应符合国家有关规定。

(5) 吊装作业指挥应使用对讲机传达指令。

9) 其他

(1) 施工现场应设置连续、密闭能有效隔绝各类污染的围挡。

(2) 施工中，开挖土方应合理回填利用。

3. 优选项

(1) 施工作业面应设置隔音设施。

(2) 现场应设置可移动环保厕所，并应定期清运、消毒。

(3) 现场应设噪声监测点，并应实施动态监测。

(4) 现场应有医务室，人员健康应急预案应完善。

(5) 施工应采取基坑封闭降水措施。

(6) 现场应采用喷雾设备降尘。

(7) 建筑垃圾回收利用率应达到50%。

(8) 工程污水应采取去泥沙、除油污、分解有机物、沉淀过滤、酸碱中和等处理方式，实现达标排放。

11.2.3 节材与材料资源利用评价指标

1. 控制项

(1) 应根据就地取材的原则进行材料选择并有实施记录。

(2) 应有健全的机械保养、限额领料、建筑垃圾再生利用等制度。

2. 一般项

1) 材料的选择

(1) 施工应选用绿色、环保材料。

(2) 临建设施应采用可拆迁、可回收材料。

(3) 应利用粉煤灰、矿渣、外加剂等新材料，降低混凝土及砂浆中的水泥用量。粉煤灰、矿渣、外加剂等新材料掺量应按供货单位推荐掺量、使用要求、施工条件、原材料等因素通过试验确定。

2) 材料的节约

(1) 应采用管件合一的脚手架和支撑体系。

(2) 应采用工具式模板和新型模板材料，如铝合金、塑料、玻璃钢和其他可再生材质的大模板和钢框镶边模板。

(3) 材料运输方法应科学，应降低运输损耗率。

(4) 应优化线材下料方案。

(5) 面材、块材镶贴，应做到预先总体排版。

(6) 应因地制宜，采用新技术、新工艺、新设备、新材料。

(7) 应提高模板、脚手架体系的周转率。

3) 资源再生利用

(1) 建筑余料应合理使用。

(2) 板材、块材等下脚料和撒落混凝土及砂浆应科学利用。

(3) 临建设施应充分利用既有建筑物、市政设施和周边道路。

(4) 现场办公用纸应分类摆放，纸张应两面使用，废纸应回收。

3. 优选项

(1) 应编制材料计划，应合理使用材料。

(2) 应采用建筑配件整体化或建筑构件装配化安装的施工方法。

(3) 主体结构施工应选择自动提升、顶升模架或工作平台。

(4) 建筑材料包装物回收率应达到 100%。

(5) 现场应使用预拌砂浆。

(6) 水平承重模板应采用早拆支撑体系。

(7) 现场临建设施、安全防护设施应定型化、工具化、标准化。

11.2.4 节水与水资源利用评价指标

1. 控制项

(1) 签订标段分包或劳务合同时，应将节水指标纳入合同条框。

(2) 应有计量考核记录。

2. 一般项

1) 节约用水

(1) 应根据工程特点，制定用水定额。

(2) 施工现场供、排水系统应合理适用。

(3) 施工现场办公区、生活区的生活用水采用节水器具，节水器具配置率应达到100%。

(4) 施工现场对生活用水与工程用水应分别计量。

(5) 施工中应采用先进的节水施工工艺。

(6) 混凝土养护和砂浆搅拌用水应合理，应有节水措施。

(7) 管网和用水器具不应有渗漏。

2) 水资源的利用

(1) 基坑降水应储存使用。

(2) 冲洗现场机具、设备、车辆用水，应设立循环用水装置。

3. 优选项

(1) 施工现场应建立基坑降水再利用的收集处理系统。

(2) 施工现场应有雨水收集利用的设施。

(3) 喷洒路面、绿化浇灌不应使用自来水。

(4) 生活、生产污水应处理并使用。

(5) 现场应使用经检验合格的非传统水资源。

11.2.5 节能与能源利用评价指标

1. 控制项

(1) 对施工现场的生产、生活、办公和主要耗能施工设备应制定节能措施。

(2) 对主要耗能施工设备应定期进行耗能计算核算。

(3) 国家、行业、地方政府明令淘汰的施工设备、机具和产品不应使用。

2. 一般项

1) 临时用电设施

(1) 应采取节能型设备。

(2) 临时用电应制定科学的管理制度并应落实到位。

(3) 现场照明设计应符合国家现行标准《施工现场临时用电安全技术规范》(JGJ 46—2005)的规定。

2) 机械设备

(1) 应采用能源利用效率高的施工机械设备。

(2) 施工机具资源应共享。

(3) 应定期监控重点耗能设备的能源利用情况，并有记录。

(4) 建立设备技术档案，并应定期进行设备维护、保养。

3) 临时设施

(1) 施工临时设施应结合日照和风向等自然条件，合理采用自然采光、通风和外窗遮阳设施。

(2) 临时施工用房应使用热工性能达标的复合墙体和屋面板，顶棚宜采用吊顶。

4) 材料运输与施工

(1) 建筑材料的选用应缩短运输距离，减少能源消耗。

(2) 应采用能耗少的施工工艺。

(3) 应合理安排施工工序和施工进度。

(4) 应尽量减少夜间作业和冬期施工的时间。

3. 优选项

(1) 应根据当地气候和自然资源条件，合理利用太阳能或其他可再生资源。

(2) 临时用电设备应采用自动控制装置。

(3) 使用的施工设备和机具应符合国家、行业有关节能、高效、环保的规定。

(4) 办公、生活和施工现场，采用节能照明灯具的数量应大于 80%。

(5) 办公、生活和施工现场用电应分别计算。

11.2.6 节地与土地资源保护评价指标

1. 控制项

(1) 施工现场布置应合理并应实施动态管理。

(2) 施工临时用地应有审批用地手续。

施工单位应充分了解施工现场及毗邻区域内人文景观保护要求、工程地质情况及基础设施管线分布情况，制定相应的保护措施，并应报请相关方核准。

2. 一般项

1) 节约用地

(1) 施工总平面布置应紧凑，并应尽量减少占地。

(2) 在经批准的临时用地范围内组织施工。

(3) 应根据现场条件，合理设计场内交通道路。

(4) 施工现场临时道路布置应与原有及永久道路兼顾考虑，并应充分利用拟建道路为施工服务。

(5) 应采用预拌混凝土。

2) 保护用地

(1) 应采取防止水土流失的措施。

(2) 应充分利用山地、荒地作为取、弃土场的用地。

(3) 施工后应恢复植被。

(4) 应对深基坑施工方案进行优化，并应减少土方开挖和回填量，保护用地。

(5) 在生态脆弱的地区施工完成后，应进行地貌复原。

3. 优选项

(1) 临时办公和生活用房应采用结构可靠的多层轻钢活动板房，钢骨架多层水泥活动板房等可重复使用的装配式结构。

(2) 对施工发现的地下文物资源，应进行有效保护，处理措施要恰当。

(3) 地下水位控制应对相邻地表和建筑物无有害影响。

(4) 钢筋加工应配送化，构件制作应工厂化。

(5) 施工总平面布置应能充分利用和保护原有建筑物、构筑物、道路和管线等，职工宿舍应能满足 $2m^2$/人的使用面积要求。

【案例 11-3】

塞纳河巴黎市区河段长 12.8 千米、宽 30～200 米。巴黎是沿塞纳河两岸逐渐发展起来的，因此市区河段都是石砌码头和宽阔堤岸，三十多座桥梁横跨河上，两旁建成区高楼林立，河道改造十分困难。20 世纪 60 年代初，严重污染导致河流生态系统崩溃，仅有两三种鱼勉强存活。污染主要来自四个方面，一是上游农业过量施用化肥农药；二是工业企业向河道大量排污；三是生活污水与垃圾随意排放，尤其是含磷洗涤剂使用导致河水富营养化问题严重；四是下游的河床淤积，既造成洪水隐患，也影响沿岸景观。

结合本章内容，试思考水资源保护措施以及水资源利用评价指标有哪些？

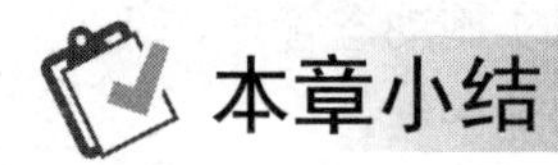

本章小结

本章讲述了基坑施工封闭降水技术、施工过程水回收利用技术、预拌砂浆技术、墙体自保温体系施工技术、粘贴式外墙外保温隔热系统施工技术、现浇混凝土外墙外保温施工技术、外墙硬泡聚氨酯喷涂施工技术、工业废渣及(空心)砌块应用技术、铝合金窗断桥技术、太阳能与建筑一体化应用技术、供热计量技术、建筑遮阳技术、植生混凝土、透水混凝土、施工评价的相关知识；各项技术的主要技术内容、技术指标及技术措施；绿色施工评价方法及环境保护、节材与材料资源利用、节水与水资源利用、节能与能源利用、节地与土地资源保护评价指标。

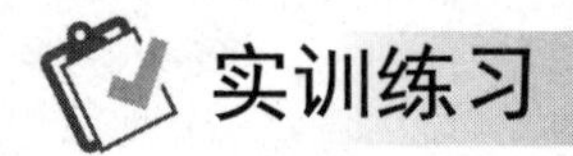

实训练习

一、单选题

1. 雨水回收利用技术与现场生产废水利用技术，适应用于(　　)。

A. 道路桥梁工程　　B. 基坑工程

C. 工业与民用建筑的施工工程　　D. 缺乏地下水地区的施工工程

2. 施工现场用水应有(　　)来源于雨水和生产废水等回收。

A. 10%　　B. 20%　　C. 30%　　D. 40%

3. 粉煤灰小型空心砌块，其中粉煤灰用量不应低于原材料重量的(　　)，水泥用量不应低于原材料重量的(　　)。

A. 10%；5%　　B. 20%；10%　　C. 30%；15%　　D. 40%；20%

4. 项目部用绿化代替场地硬化，减少了场地硬化面积，属于绿色施工的(　　)。

A. 节材与材料资源利用　　B. 节水与水资源利用

C. 节能与能源利用　　D. 节地与土地资源保护

5. 墙面植生混凝土密度是多少 kg/m^3；混凝土空隙率是(　　)。

A. 1000～1200；13%～20%　　B. 1000～1400；15%～22%

C. 1000～1600；17%～24%　　D. 1000～1700；19%～26%

二、简答题

1. 什么是基坑施工封闭降水技术？
2. 粘贴式外墙外保温隔热系统施工技术有哪些分类？
3. 植生混凝土是指什么？
4. 简述绿色施工评价方法。思考在实例中的运用。

第11章课后习题答案.docx

实训工作单

<table>
<tr><td>班级</td><td></td><td>姓名</td><td></td><td>日期</td><td></td></tr>
<tr><td colspan="2">教学项目</td><td colspan="4">绿色施工技术和施工评价</td></tr>
<tr><td>任务</td><td colspan="2">掌握不同的绿色施工技术和评价方法</td><td>方法</td><td colspan="2">参考书籍、资料</td></tr>
<tr><td colspan="3">相关知识</td><td colspan="3">绿色施工技术和评价基本知识</td></tr>
<tr><td colspan="3">其他要求</td><td colspan="3"></td></tr>
<tr><td colspan="6">查阅资料学习的记录</td></tr>
<tr><td>评语</td><td colspan="3"></td><td>指导老师</td><td></td></tr>
</table>

参考文献

[1] 佟樱．绿色建筑认证(LEED)资料的收集管理[J]．山西建筑，2010(3)．

[2] 翟宇．绿色建筑评价研究——以 LEED 为例[D]．天津：天津大学，2009．

[3] 毛峡，丁玉宽．LEED 认证风靡世界的绿色建筑评估体系[J]．电子学报，2001，29(12A)：1923-1927．

[4] 孙继德，卞莉，何贵友．美国绿色建筑评估体系 LEEDV3 引介[J]．建筑经济，2011．

[5] 白润波、孙勇、马向前，等．绿色建筑节能技术与实例[M]．北京：化学工业出版社，2012．

[6] 马素贞，孙大明，邵文晞．绿色建筑技术增量成本分析[J]．建筑科学，2010．

[7] 住房与城乡建设部科技发展促进中心．绿色建筑评价技术指南[M]．北京：中国建筑工业出版社，2010．

[8] 白润波，孙勇．绿色建筑节能技术与实例[M]．北京：化学工业出版社，2012．

[9] 白雪莲，吴利均，苏芬仙．既有建筑节能改造技术与实践[J]．墙体与设计，2009．

[10] 虞光洁．绿色建筑墙体的节能技术探讨[J]．现代经济信息：学术版，2009．

[11] 戴连鹏，卢巍，任鹏，等．对建筑墙体节能技术的探讨[J]．科技信息，2008．

[12] 乔世林，何林．绿色建筑设计理念与节能技术[J]．城市建筑，2008．

[13] 刘加平，董靓，孙世钧．绿色建筑概论[M]．北京：中国建筑工业出版社，2010．

[14] 李念平．建筑环境学[M]．北京：化学工业出版社，2010．

[15] 杨晚生．建筑环境学[M]．武汉：华中科技大学出版社，2009．